对接世界技能大赛技术标准创新系列教材

技工院校一体化课程教学改革服装设计与制作专业教材

基础服装制版（二）

人力资源社会保障部教材办公室　组织编写

张涛　主编

中国劳动社会保障出版社

world skills China

内容简介

本书紧紧围绕技工院校对服装设计与制作专业人才的培养目标，紧扣企业工作实际，介绍了女衬衫、连衣裙、男西裤等基础服装制版的有关知识。本书以国家职业标准和"服装设计与制作专业国家技能人才培养标准及一体化课程规范（试行）"为依据，以企业需要为导向，充分借鉴世界技能大赛的先进理念、技术标准和评价体系，促进服装设计与制作专业教学与世界先进标准接轨。本书采用一体化教学模式编写，穿插介绍了世界技能大赛的有关知识，并附有部分拓展性内容，便于教师开展教学。

本书由张涛任主编，陈巧任副主编，马小锋任主审，黄晓欢、肖婷婷、贺云参与编写。

图书在版编目（CIP）数据

基础服装制版 . 二 / 张涛主编 . -- 北京：中国劳动社会保障出版社，2023
对接世界技能大赛技术标准创新系列教材
ISBN 978-7-5167-5998-1

Ⅰ . ①基…　Ⅱ . ①张…　Ⅲ . ①服装量裁 - 教材　Ⅳ . ①TS941.631

中国国家版本馆 CIP 数据核字（2023）第 189867 号

中国劳动社会保障出版社出版发行
（北京市惠新东街 1 号　邮政编码：100029）

*

北京市艺辉印刷有限公司印刷装订　新华书店经销
787 毫米 ×1092 毫米　16 开本　10 印张　166 千字
2023 年 10 月第 1 版　　2023 年 10 月第 1 次印刷
定价：21.00 元

营销中心电话：400-606-6496
出版社网址：http://www.class.com.cn
http://jg.class.com.cn

序

　　世界技能大赛由世界技能组织每两年举办一届，是迄今全球地位最高、规模最大、影响力最广的职业技能竞赛，被誉为"世界技能奥林匹克"。我国于 2010 年加入世界技能组织，先后参加了五届世界技能大赛，累计取得 36 金、29 银、20 铜和 58 个优胜奖的优异成绩。第 46 届世界技能大赛将在我国上海举办。2019 年 9 月，习近平总书记对我国选手在第 45 届世界技能大赛上取得佳绩作出重要指示，并强调，劳动者素质对一个国家、一个民族发展至关重要。技术工人队伍是支撑中国制造、中国创造的重要基础，对推动经济高质量发展具有重要作用。要健全技能人才培养、使用、评价、激励制度，大力发展技工教育，大规模开展职业技能培训，加快培养大批高素质劳动者和技术技能人才。要在全社会弘扬精益求精的工匠精神，激励广大青年走技能成才、技能报国之路。

　　为充分借鉴世界技能大赛先进理念、技术标准和评价体系，突出"高、精、尖、缺"导向，促进技工教育与世界先进标准接轨，完善我国技能人才培养模式，全面提升技能人才培养质量，人力资源社会保障部于 2019 年 4 月启动了世界技能大赛成果转化工作。根据成果转化工作方案，成立了由世界技能大赛中国集训基地、一体化课改学校，以及竞赛项目中国技术指导专家、企业专家、出版集团资深编辑组成的对接世界技能大赛技术标准深化专业课程改革工作小组，按照创新开发新专业、升级改造传统专业、深化一体化专业课程改革三种对接转化原则，以专业培养目标对接职业描述、专业课程对接世界技能标准、课程考核与评价对接评分方案等多种操作模式和路径，同时融入健康与安全、绿色与环保及可持续发展理念，开发与世界技能大赛项目对接的专业人才培养方案、教材及配套教学资源。首批对接 19 个世界技能大赛项目共 12 个专业的成果将于 2020—2021 年陆续出版，主要用于技工院校日常专业教学工作中，充分发挥世界技能大赛成果转化对技工院校技能人才的引领示范作用。在总结经验及调研的基础上选择新的对接项目，陆续启动第二批等世界技能大赛成果转化工作。

希望全国技工院校将对接世界技能大赛技术标准创新系列教材，作为深化专业课程建设、创新人才培养模式、提高人才培养质量的重要抓手，进一步推动教学改革，坚持高端引领，促进内涵发展，提升办学质量，为加快培养高水平的技能人才作出新的更大贡献！

2020 年 11 月

目　录

女衬衫制版

学习目标

1. 能严格遵守工作制度，服从工作安排，按要求准备好女衬衫制版所需的工具、设备、材料与各项技术文件。

2. 能正确解读女衬衫制版各项技术文件，明确女衬衫制版的流程、方法和注意事项。

3. 能查阅相关技术资料，制订女衬衫制版计划，并在教师的指导下，通过小组讨论做出决策。

4. 能依据技术文件要求，结合女衬衫制版规范，独立完成女衬衫基础样板的制作、检查与复核工作。

5. 能对照技术文件，独立完成女衬衫成品样衣的尺寸测量，并依据测量结果，将基础样板修改、调整到位。

6. 能在教师的指导下，对照技术文件，按照省时、省力、省料的原则，完成女衬衫样板排放与材料核算工作。

7. 能正确填写女衬衫制版的相关技术文件。

8. 能记录女衬衫制版过程中的疑难点，通过小组讨论、合作探究或在教师的指导下，提出妥善解决的办法。

9. 能按要求，进行资料归类和生产现场整理。

10. 能展示、评价女衬衫制版各阶段成果，并根据评价结果，做出相应反馈。

学习任务描述

1. 学生接到任务、明确任务目标后，按要求将女衬衫制版所需的工具、设备、材料与各项技术文件准备到位。

2. 解读女衬衫制版各项技术文件，明确制版流程、方法和注意事项。

3. 查阅相关技术资料，制订女衬衫制版计划，并在教师的指导下，通过小组讨论做出决策。

4. 依据技术文件要求，结合女衬衫制版规范，在工作台上利用铅笔、直尺、放码尺、橡皮、纸张、大剪刀、打孔器和绳子等工具，独立完成女衬衫基础样板的制作、检查与复核工作，并利用全套基础样板，按照制作要求和规范，进行女衬衫成品样衣制作。

5. 女衬衫成品样衣制作完成后，对照技术文件，独立完成成品样衣的尺寸测量，并依据测量结果，将基础样板修改、调整到位。

6. 在任务实施过程中，及时填写生产通知单、面辅料明细表、面辅料测试明细表、生产工艺单、样板复核单、首件封样单等相关技术文件，随时记录遇到的问题和疑难点，并通过小组讨论、合作探究或在教师的指导下，提出较为合理的解决办法。

7. 制版工作结束后，及时清扫场地和工作台，归置物品，填写设备使用记录，提交作品并进行展示与评价。

学习活动

女衬衫基础样板制作

学习活动
女衬衫基础样板制作

一、学习准备

1. 服装打板一体化教室、打板桌、排料台、服装 CAD 打板系统、样板制作工具。

2. 劳保用品、安全生产操作规程、女衬衫生产工艺单（见表1-1）、女衬衫制版相关学习材料。

表1-1　　　　　　　　　　　　女衬衫生产工艺单　　　　　　　　　单位：cm

款式名称	女衬衫	
款式图与款式说明	款式图	款式说明： 1. 合体女衬衫，前片门襟做反门襟，前片收腋下省、腰节省，后片收后腰省，门襟钉7粒纽扣 2. 袖长为57 cm，袖口宽为5 cm，收褶裥4 cm，袖衩长为9 cm 3. 领座高为2.8 cm，领面宽为4 cm，领角长为6 cm

成品规格（cm）

尺码	衣长	袖长	胸围	腰围	臀围	肩宽	胸高	袖肥	袖口
S	60	56.5	86	70	90	37	23.5	33	22
M	62	58	90	74	94	38	24	34	23
L	64	59.5	94	78	98	39	24.5	35	24

续表

测量方法示意图

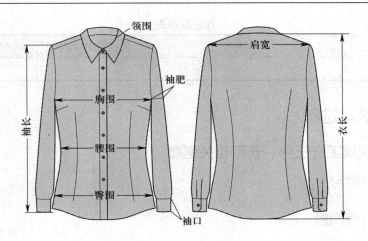

封样意见：

制版工艺 要求	1. 制版充分考虑款式特征、面料特性和工艺要求 2. 样板结构合理，尺寸符合规格要求，对合部位长短一致 3. 结构图干净整洁，标注清晰规范 4. 辅助线、轮廓线界定清晰，线条平滑、圆顺、流畅 5. 样板类型齐全、数量准确、标注规范 6. 省、褶、剪口、钻孔等位置正确，标记齐全，放缝量、折边量符合要求 7. 样板轮廓光滑、顺畅，无毛刺 8. 结构图与样板校验无误
排料工艺 要求	1. 合理、灵活运用"先大后小、紧密套排、缺口合并、大小搭配"的排料原则 2. 确保部件齐全、排列紧凑、套排合理、丝缕正确、拼接适当、两端齐口，排料既要符合质量要求，又要节约原料 3. 合理解决倒顺毛、倒顺光、倒顺花，对条、对格、对花和有色差布料的排料问题
算料要求	1. 充分考虑款式的特点、服装的规格、色号的配比、具体的工艺要求和裁剪损耗，还要考虑具体布料的幅宽和特性 2. 宁略多，勿偏少

3. 分成学习小组（每组 5 ~ 6 人，用英文大写字母编号），将分组信息填写在表 1-2 中。

表 1-2　　　　　　　　　　小组编号表

组号	组内成员及编号	组长姓名及编号	本人姓名及编号

二、学习过程

（一）明确工作任务、获取相关信息

1. 知识学习

引导问题

（1）什么是衬衫？它有哪些款式？

_____

_____

引导问题

（2）男女款衬衫在结构设计上有哪些不同之处？

_____

_____

_____

> **小贴士**
>
> 　　服装样板按用途的不同可分为裁剪样板和工艺样板两大类。裁剪样板是在批量裁剪中用于排料、划样等的样板，主要包括面料样板、里料样板和衬料样板（分别简称面板、里板、衬板）；工艺样板是在缝制和整烫过程中用于辅助加工的样板，主要包括修正样板、定位样板和定型样板。

引导问题

（3）请简要写出女衬衫制版的流程。

_____

查询与收集

（4）专业术语是指专业人员进行交流的专用语言。熟悉专业术语不仅能加深对专业的理解，而且能提高沟通效率。通过网络浏览或资料查询，写出表1-3中服装制版常见专业术语的含义。

表1-3　　　　　　　　　　专业术语含义填写表

序号	专业术语名称	含义
1	成衣	
2	号	
3	型	
4	体型	
5	服装规格	
6	档差	
7	纸样	
8	样板	
9	母板	
10	样	
11	打样	
12	封样	
13	产前样	
14	船样	
15	驳样	
16	制版	
17	推板	
18	局部推板	
19	整体推板	
20	基准点	
21	放码点	

续表

序号	专业术语名称	含义
22	单向放码点	
23	双向放码点	
24	坐标	
25	分坐标	
26	面	
27	里	
28	衬	
29	缝份	
30	净板	
31	毛板	
32	缩水率	
33	热缩率	
34	缝缩率	
35	折边	
36	贴边	

小贴士

为便于识别与交流，服装制版对样板的图线形式、制图符号和部位代号的使用都有统一的要求。熟悉这些要求，对样板制作和识读都有着非常重要的意义。常用服装制图符号的名称、形式、说明见表1–4。为了使结构图画面清晰简洁，服装制图经常采用部位代号制。部位代号就是部位英文名称的大写首字母，例如，胸围的代号为"B"，腰围的代号为"W"等，具体见表1–5。

表1-4　　　　　　　　　服装制图符号

符号名称	符号形式	说明
裁剪线符号	———————	表示服装和零部件轮廓线、部位轮廓线
基础线符号	———————	表示制图的基础线尺寸线、尺寸界线、引出线

续表

符号名称	符号形式	说明
明线符号	– – – – – – – – – – –	表示在衣片缝合的部位缉缝明线
对称符号	– · – · – · – · – · –	表示衣片的对折线或对称中心线，通常在后片、袖口片、领片中出现
倒顺毛符号	←———————→	表示面料顺毛的方向
省道符号	◇	表示衣片收省的位置
活褶符号		表示沿斜线方向从高向低折叠做褶裥
拔开符号		表示在缝制衣片时，用熨斗在需要拔开的部位，进行拉开定型处理
归拢符号		表示在缝制衣片时，用熨斗在需要归拢的部位，进行收紧归缩定型处理
拼合符号		表示两片样板拼接成一片样板
缩褶符号	～～～～～	表示布边收缩成褶皱
丝缕符号	←———————	表示面料的经向与样板所标识的方向一致
等长符号		表示相关样板的两条边长度相等

表1-5　　　　　　　　　服装制图部位代号表

序号	中文	代号	序号	中文	代号
1	袖窿	AH	23	前裆	FR
2	袖山	AT	24	前腰节长	FWL
3	胸围	B	25	臀围	H
4	后背宽	BBW	26	臀围线	HL
5	袖肥	BC	27	头围	HS
6	后中心线	BCL	28	股下长	IL
7	底领高	BH	29	膝盖线	KL
8	后衣长	BL	30	长度	L
9	胸围线	BL	31	中臀围线	MHL
10	颈后点	BNP	32	领围	N
11	胸点	BP	33	领围线	NL
12	后裆	BR	34	横肩宽	S
13	后腰节长	BWL	35	脚口	SB
14	上裆（股上）长	CD	36	裙摆	SH
15	上胸围线	CL	37	袖长	SL
16	袖口	CW	38	颈肩点	SNP
17	肘长	EL	39	肩端点	SP
18	肘线	EL	40	翻领宽	TCW
19	前胸宽	FBW	41	下胸围线	UBL
20	前中心线	FCL	42	腰围	W
21	前衣长	FL	43	腰围线	WL
22	颈前点	FNP			

i 引导问题

（5）衬衫具有悠久的历史，种类繁多，它可在正规场合与西服搭配，还可以在度假时与休闲服搭配。衬衫按款式不同可分为礼服衬衫、普通衬衫、休闲衬衫。不同款式的衬衫除了版型不同外，最重要的区别就在于领子、袖子和门襟的差异，图1-1所示是衬衫的不同领型，请在图形对应的横线上填写衬衫的领型名称。

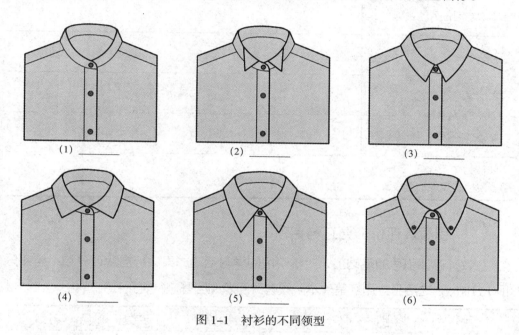

图 1-1　衬衫的不同领型

i 引导问题

（6）在教师的指导下，通过小组讨论，写出礼服衬衫、普通衬衫、休闲衬衫在款式上的区别。

_____

_____

_____

i 引导问题

（7）简要写出图1-1所示衬衫各领型的特征。

_____

_____

2. 学习检验

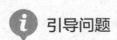

引导问题

在教师的引导下，独立完成表 1-6 的填写。

表1-6　　　　　　　　学习任务与学习活动简要归纳表

本次学习任务的名称	
本次学习任务的目标	
本次学习活动的名称	
女衬衫制版的工艺要求	
你认为本次学习任务中，哪些目标的实现难度较大	

引导、评价、更正与完善

在教师讲评引导的基础上，对本阶段的学习活动成果进行自我评分和小组评分（100 分制），之后独立用红笔对本阶段有关问题的回答进行更正和完善。

项目	类别	分数	项目	类别	分数
个人自评分	关键能力		小组评分	关键能力	
	专业能力			专业能力	

（二）制订女衬衫基础样板制作计划并决策

1. 知识学习

在教师指导下，制订女衬衫基础样板制作计划，并通过小组讨论做出决策。

计划制订参考意见：整个工作的内容和目标是什么？整个工作分几步实施？工作过程中要注意什么？小组成员之间该如何配合？出现问题该如何处理？

2. 学习检验

引导问题

（1）请简要写出你们小组的计划。

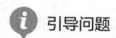 引导问题

（2）你在制订计划的过程中承担了什么工作？有什么体会？

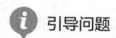 引导问题

（3）教师对小组的计划给出了什么修改建议？为什么？

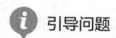 引导问题

（4）你认为计划中哪些地方比较难实施？为什么？

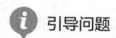 引导问题

（5）小组最终做出了什么决定？是如何做出的？

引导、评价、更正与完善

在教师讲评引导的基础上，对本阶段的学习活动成果进行自我评分和小组评分（100分制），之后独立用红笔对本阶段有关问题的回答进行更正和完善。

项目	类别	分数	项目	类别	分数
个人自评分	关键能力		小组评分	关键能力	
	专业能力			专业能力	

（三）女衬衫基础样板制作与检验

1. 实践操作

 训练

（1）参照生产工艺单中 M 码女衬衫的成品规格和图 1-2，独立完成女衬衫衣片样板的制作与检验，然后回答下列问题。

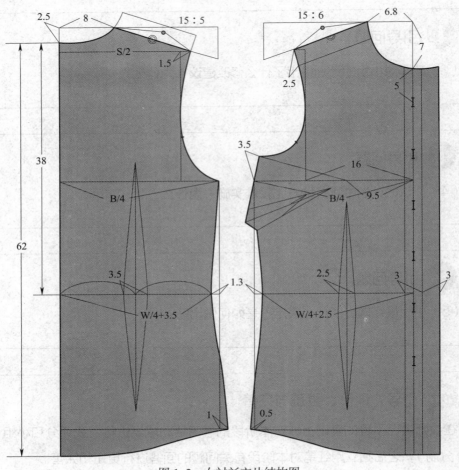

图 1-2　女衬衫衣片结构图

①在图 1-2 中，前片肩部分割了 2.5 cm 与后片拼接合并，这样做的原因是什么？

_____

_____

②在图 1-2 中，后片腰节省量与前片不一样，这是为什么？前后腰省长度也不一样，这样设计的目的是什么？

训练

（2）参照图 1-3，独立完成女衬衫袖片样板的制作与检验，然后回答下列问题。

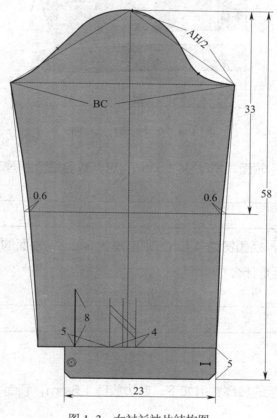

图 1-3　女衬衫袖片结构图

①在图 1-3 中，袖肥与袖山高是否为固定值？袖肥与袖山高大小有何变化规律？

②如何区分前袖山弧线与后袖山弧线？

训练

（3）参照图1-4，独立完成女衬衫领片样板的制作与检验，然后回答下列问题。

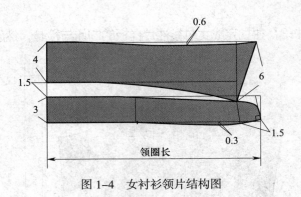

图1-4　女衬衫领片结构图

①在图1-4中，领面领角尺寸为6 cm，这个数值是否为固定值？为什么？

_____

_____

②在图1-4中，领面宽为4 cm，领座高为3 cm，领面的尺寸大于领座的尺寸，这样处理的原因是什么？

_____

_____

 训练

（4）女衬衫面板的放缝数值如下：底边放缝1.5 cm，领面、领座面板不放缝，其他部位放缝1 cm。

请参照图1-5，独立完成女衬衫面板的放缝与检验，然后回答下列问题。

①在图1-5中，女衬衫底边放缝1.5 cm，这个数值是否为固定值？为什么？

_____

_____

②在图1-5中，女衬衫领面、领座的纱向与衣片纱向不一样，为什么这样处理？

_____

_____

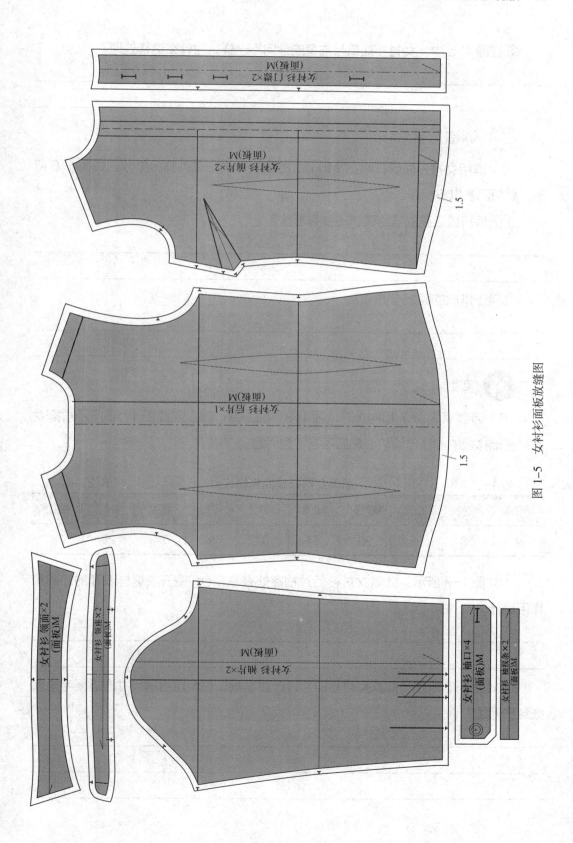

图 1-5　女衬衫面板放缝图

③在图 1-5 中，女衬衫袖口与袖身的纱向不一样，为什么这样处理？

_____

_____

 训练

（5）请用女衬衫面板在幅宽 145 cm 的面料上进行单件样板排放，如图 1-6 所示，然后回答以下问题。

①面板排放之前的准备工作主要有哪些？

_____

_____

②用于排放的面板有哪些？

_____

_____

 实践

（6）请参照表 1-7 和图 1-7、图 1-8、图 1-9，独立完成图 1-10 所示褶裥女衬衫基础样板的制作与检验，然后回答下列问题。

表 1-7　　　　　　　　　褶裥女衬衫成品规格表　　　　　　　　单位：cm

尺码	衣长	袖长	胸围	腰围	臀围	肩宽	胸高	袖肥	袖口
M	58	58	90	84	94	38	24	25	23

①如图 1-7 所示，此款女衬衫后片袖窿处有 0.8 cm 空开，这样设计的原因和作用是什么？

_____

_____

②如图 1-7 所示，此款女衬衫前片设计有褶裥，在设定褶裥尺寸时需要考虑哪些结构问题？

_____

_____

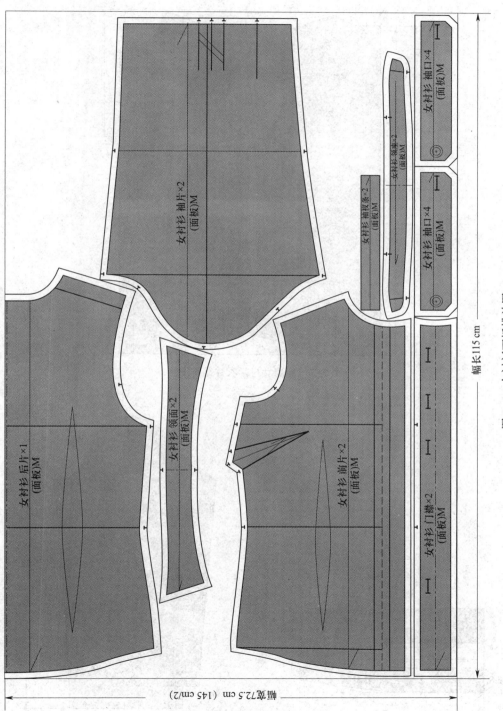

图1-6 女衬衫面板排放图

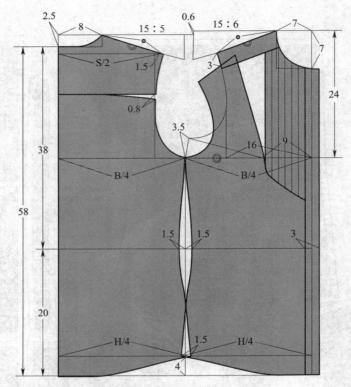

图1-7　褶裥女衬衫衣片结构图

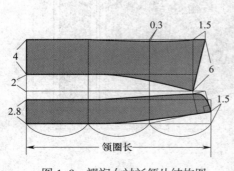

图1-8　褶裥女衬衫领片结构图

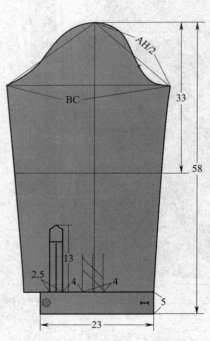

图1-9　褶裥女衬衫袖片结构图

图 1-10　褶裥女衬衫款式图

③在图 1-8 中，领圈长是如何计算的？

_____

_____

④在图 1-8 中，领座长与领面长是否相等？为什么？它们的设定方法是什么？

_____

_____

⑤在图 1-9 中，褶裥女衬衫袖长为 58 cm，请说一说该款女衬衫袖长的计算方法。

_____

_____

 实践

（7）褶裥女衬衫面板的放缝数值如下：底边放缝 1.5 cm，领面、领座面板不放缝，其他部位放缝 1 cm。

请参照图 1-11，独立完成该款女衬衫面板的放缝与检验，然后回答下列问题。

①褶裥女衬衫的袖口样板中，袖口有对称结构的，也有不对称结构的，在图 1-11 中，用对称结构点画线标识的原因是什么？

_____

_____

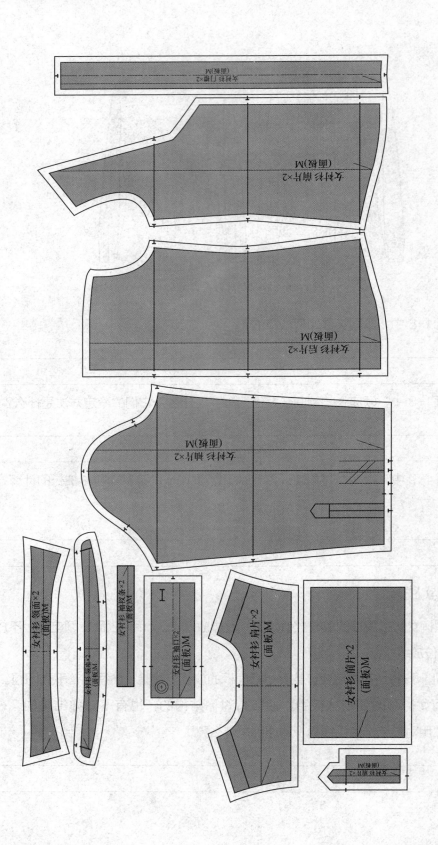

图 1-11　女衬衫面板放缝图

②在图 1-11 中，褶裥女衬衫领座、领面、袖口、肩片的纱向为横向，与前片的纱向不同，这样设计的原因是什么？

_____

_____

 实践

（8）用褶裥女衬衫面板在幅宽 145 cm 的面料上进行单件样板排放，如图 1-12 所示，然后回答下列问题。

①此款女衬衫面板排放的方法主要有哪几种？各有什么特点？

_____

_____

②通过面板排放得到的面料幅长不是实际生产用面料幅长，计算实际生产用面料幅长时，还需要在此基础上加上一定的损耗量。请说一说损耗是怎么产生的，损耗量一般为多少。

_____

_____

_____

 实践

（9）请参照表 1-8 和图 1-13、图 1-14、图 1-15，独立完成图 1-16 所示泡泡袖女衬衫基础样板的制作与检验，然后回答下列问题。

表 1-8　　　　　　　　　泡泡袖女衬衫成品规格表　　　　　　　单位：cm

尺码	衣长	袖长	胸围	腰围	臀围	肩宽	胸高	袖肥	袖口
M	62	60	90	74	94	38	24	34	24

①在图 1-13 中，泡泡袖女衬衫肩宽减去了 1.5 cm，这样设计的原因和作用是什么？

_____

_____

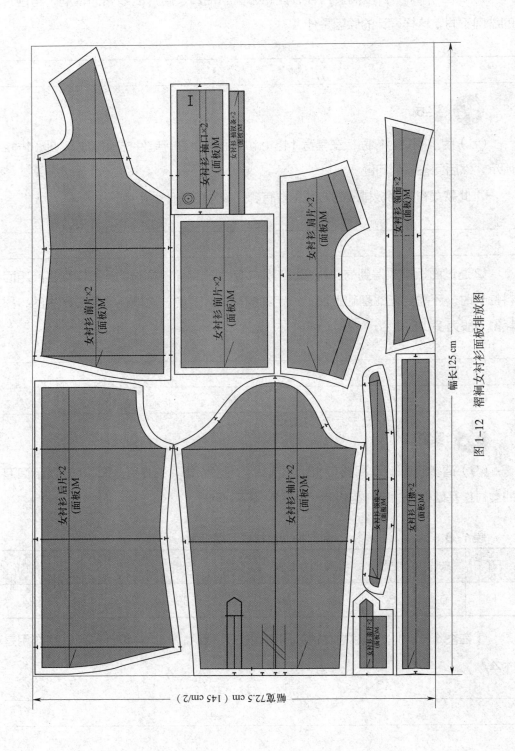

图 1-12　褶裥女衬衫面板排放图

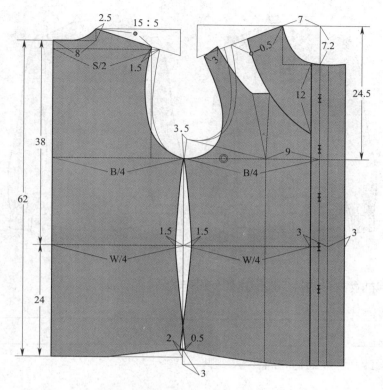

图 1-13　泡泡袖女衬衫衣片结构图

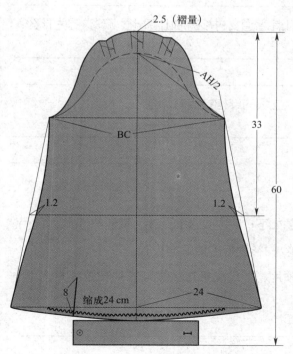

图 1-14　泡泡袖女衬衫袖片结构图

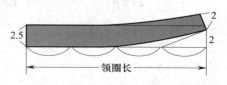

图 1-15　泡泡袖女衬衫领片结构图

图 1-16　泡泡袖女衬衫款式图

②泡泡袖女衬衫前片门襟宽是如何设定的？

_____

_____

③在设计泡泡袖结构时需要考虑哪些问题？

_____

_____

④此款女衬衫袖型为泡泡袖，其袖山比普通女衬衫的袖山高出很多，这是为什么？

_____

_____

⑤此款泡泡袖女衬衫领型为立领，立领的结构特点有哪些？

_____

_____

 实践

（10）泡泡袖女衬衫面板的放缝数值如下：底边放缝 1.5 cm，其他部位放缝 1 cm。请参照图 1-17，独立完成泡泡袖女衬衫面板的放缝与检验。

如图 1-17 所示，泡泡袖女衬衫领片、袖口面板布纹线与衣片布纹线方向不一样，这样设计的原因是什么？

_____

_____

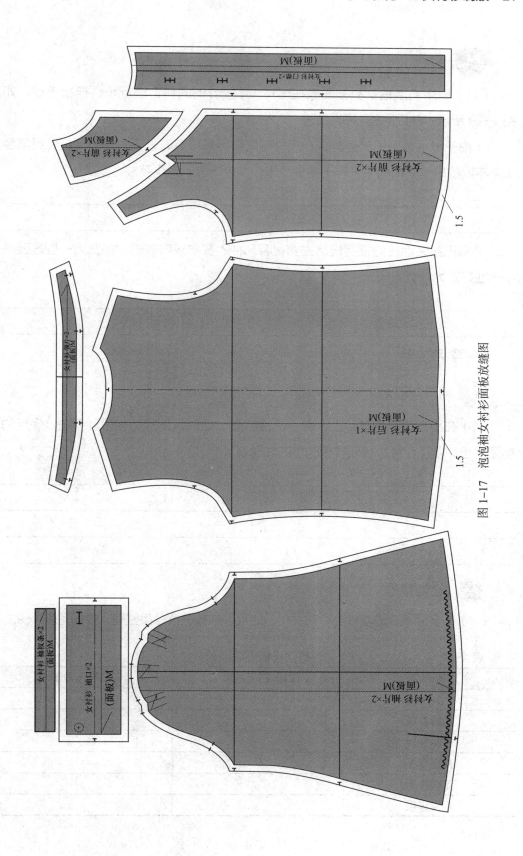

图 1-17　泡泡袖女衬衫面板放板缝图

实践

（11）请用泡泡袖女衬衫面板在幅宽 145 cm 的面料上进行单件样板排放，如图 1-18 所示，然后回答下列问题。

①由于地域或习惯的差异，在尺寸测量与用料核算时，不同的服装企业经常会采用不同的单位。请问 1 米等于多少厘米、多少市尺、多少英寸、多少码？

_____

_____

②常见服装面料的幅宽规格主要有哪几种？在样板排放时，幅宽大一些好还是小一些好？为什么？

_____

_____

2. 学习检验

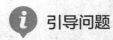

引导问题

（1）在小组讨论的基础上，说一说绘制图 1-2 时采用的结构设计手法、使用的制图符号，以及女衬衫基础样板制作的注意事项。

_____

_____

_____

_____

分类整理

（2）在全面核查的基础上，对女衬衫的基础样板进行分类整理，并填写表 1-9。

表 1-9　　　　　　　　　　　　基础样板汇总清单

基础样板	裁剪样板数量	工艺样板数量
面料样板		
里料样板		
衬料样板		
修正样板		
定位样板		
定型样板		

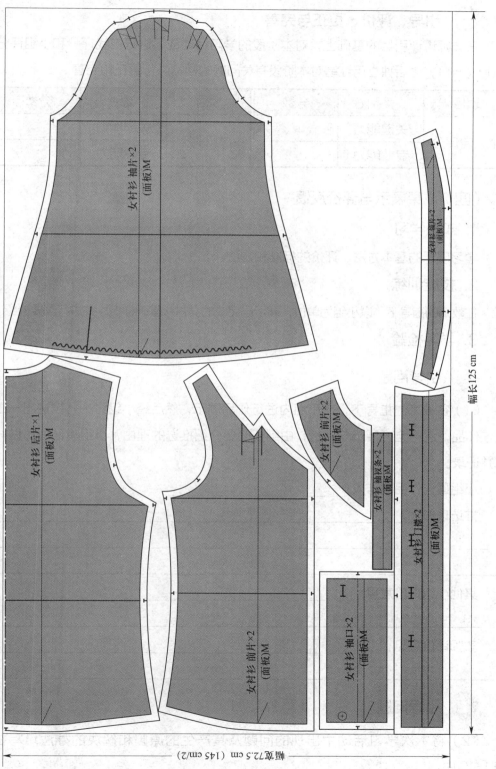

图 1-18　泡泡袖女衬衫面板排放图

引导、评价、更正与完善

在教师讲评引导的基础上，对本阶段的学习活动成果进行自我评分和小组评分（100 分制），之后独立用红笔对本阶段有关问题的回答进行更正和完善。

项目	类别	分数	项目	类别	分数
个人自评分	关键能力		小组评分	关键能力	
	专业能力			专业能力	

（四）成果展示与评价反馈

1. 知识学习

学习展示的基本方法、评价的标准和方法。

2. 技能训练

在教师的指导下，以小组为单位，展示已完成的女衬衫基础样板，并进行简要介绍。

3. 学习检验

引导问题

（1）在教师的指导下，在小组内进行作品展示，然后经小组讨论，推选出一组最佳作品，进行全班展示与评价，由组长简要介绍推选的理由，小组其他成员做补充并记录。

小组最佳作品制作人：＿＿＿＿＿＿＿＿＿＿＿＿＿＿

推选理由：＿＿＿＿＿＿＿＿＿＿＿＿＿＿＿＿＿＿＿＿

＿＿＿＿＿＿＿＿＿＿＿＿＿＿＿＿＿＿＿＿＿＿＿＿＿＿

＿＿＿＿＿＿＿＿＿＿＿＿＿＿＿＿＿＿＿＿＿＿＿＿＿＿

其他小组评价意见：＿＿＿＿＿＿＿＿＿＿＿＿＿＿＿＿＿

＿＿＿＿＿＿＿＿＿＿＿＿＿＿＿＿＿＿＿＿＿＿＿＿＿＿

教师评价意见：＿＿＿＿＿＿＿＿＿＿＿＿＿＿＿＿＿＿＿

＿＿＿＿＿＿＿＿＿＿＿＿＿＿＿＿＿＿＿＿＿＿＿＿＿＿

引导问题

（2）将本次学习活动中出现的问题及其产生的原因和解决的办法填写在表 1-10 中。

表 1-10　　　　　　　　　　问题分析表

出现的问题	产生的原因	解决的办法

自我评价

（3）将本次学习活动中自己最满意的地方和最不满意的地方各写两点，并简要说明原因，然后完成表 1-11 的填写。

最满意的地方：_____

最不满意的地方：_____

表 1-11　　　　　　　　学习活动考核评价表

学习活动名称：女衬衫基础样板制作

班级：　　　　　　学号：　　　　　　姓名：　　　　　　指导教师：

评价项目	评价标准	评价依据	评价方式			权重	得分小计	总分
			自我评价	小组评价	教师评价			
			10%	20%	70%			
关键能力	1. 能穿戴劳保用品，执行安全生产操作规程 2. 能参与小组讨论，进行相互交流与评价 3. 能清晰、准确表达 4. 能清扫场地和工作台，归置物品，填写活动记录	1. 课堂表现 2. 工作页填写				40%		
专业能力	1. 能设定女衬衫基础样板规格 2. 能制订女衬衫基础样板制作计划，准备相关工具与材料，完成女衬衫结构制图	1. 课堂表现 2. 工作页填写				60%		

续表

评价项目	评价标准	评价依据	评价方式			权重	得分小计	总分
			自我评价	小组评价	教师评价			
			10%	20%	70%			
专业能力	3. 能正确拷贝轮廓线，依据女衬衫款式特点和制作工艺要求，准确放缝，制作基础样板 4. 能按照样板制作技术规范，完成样板编号、标注、打孔、分类等工作 5. 能记录女衬衫基础样板制作过程中的疑难点，并在教师的指导下，通过小组讨论或独立思考、实践解决	3. 提交的女衬衫结构图 4. 提交的女衬衫基础样板						
指导教师综合评价								
						指导教师签名：　　　　　日期：		

三、学习拓展

本阶段学习任务要求学生在课后独立完成。教师可根据本校的教学需要和学生的实际情况，选择部分内容或全部内容进行实践，也可另行选择相关拓展内容，亦可不实施本学习拓展，将其所需课时用于学习过程阶段实践内容的强化。

📖 拓展 1

参照表 1-12，独立完成图 1-19 所示短袖女衬衫结构图的绘制和基础样板的制作与检验。

表 1-12　　　　　　　　短袖女衬衫成品规格表　　　　　单位：cm

尺码	衣长	袖长	胸围	腰围	臀围	肩宽	胸高	袖肥	袖口
M	62	60	90	74	94	38	24	34	24

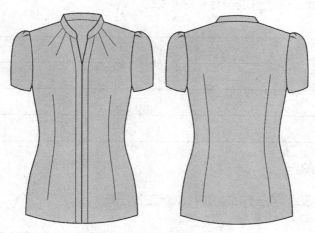

图 1-19　短袖女衬衫款式图

拓展 2

参照表 1-13，独立完成图 1-20 所示灯笼袖女衬衫结构图的绘制和基础样板的制作与检验。

表 1-13　　　　　　　　　灯笼袖女衬衫成品规格表　　　　　　　单位：cm

尺码	衣长	袖长	胸围	腰围	臀围	肩宽	胸高	袖肥	袖口
M	58	57	90	74	94	38	24	25	25

图 1-20　灯笼袖女衬衫款式图

拓展 3

调研今年流行的衬衫式样，分析这类衬衫的款式特点、结构设计的方法，并将新颖、别致、巧妙、有创意的设计记录下来。

_____

_____

_____

_____

_____

📔 工作总结

请撰写一篇 300 字左右的女衬衫制版工作总结。

_____

_____

_____

_____

学习任务二
连衣裙制版

学习目标

1. 能严格遵守工作制度，服从工作安排，按要求准备好连衣裙制版所需的工具、设备、材料与各项技术文件。

2. 能正确解读连衣裙制版各项技术文件，明确连衣裙制版的流程、方法和注意事项。

3. 能查阅相关技术资料，制订连衣裙制版计划，并在教师的指导下，通过小组讨论做出决策。

4. 能依据技术文件要求，结合连衣裙制版规范，独立完成连衣裙基础样板的制作、检查与复核工作。

5. 能对照技术文件，独立完成连衣裙成品样衣的尺寸测量，并依据测量结果，将基础样板修改、调整到位。

6. 能在教师的指导下，对照技术文件，按照省时、省力、省料的原则，完成连衣裙样板排放与材料核算工作。

7. 能正确填写连衣裙制版的相关技术文件。

8. 能记录连衣裙制版过程中的疑难点，通过小组讨论、合作探究或在教师的指导下，提出妥善解决的办法。

9. 能按要求，进行资料归类和生产现场整理。

10. 能展示、评价连衣裙制版各阶段成果，并根据评价结果，做出相应反馈。

学习任务描述

1. 学生接到任务、明确任务目标后，按要求将连衣裙制版所需的工具、设备、材料与各项技术文件准备到位。

2. 解读连衣裙制版各项技术文件，明确制版流程、方法和注意事项。

3. 查阅相关技术资料，制订连衣裙制版计划，并在教师的指导下，通过小组讨论做出决策。

4. 依据技术文件要求，结合连衣裙制版规范，在工作台上利用铅笔、直尺、放码尺、橡皮、纸张、大剪刀、打孔器和绳子等工具，独立完成连衣裙基础样板的制作、检查与复核工作，并利用全套基础样板，按照制作要求和规范，进行连衣裙成品样衣制作。

5. 连衣裙成品样衣制作完成后，对照技术文件，独立完成成品样衣的尺寸测量，并依据测量结果，将基础样板修改、调整到位。

6. 在任务实施过程中，及时填写生产通知单、面辅料明细表、面辅料测试明细表、生产工艺单、样板复核单、首件封样单等相关技术文件，随时记录遇到的问题和疑难点，并通过小组讨论、合作探究或在教师的指导下，提出较为合理的解决办法。

7. 制版工作结束后，及时清扫场地和工作台，归置物品，填写设备使用记录，提交作品并进行展示与评价。

学习活动

连衣裙基础样板制作

学习活动
连衣裙基础样板制作

一、学习准备

1. 服装打板一体化教室、打板桌、排料台、服装 CAD 打板系统、样板制作工具。

2. 劳保用品、安全生产操作规程、连衣裙生产工艺单（见表 2-1）、连衣裙制版相关学习材料。

表 2-1　　　　　　　　　　　　连衣裙生产工艺单

款式名称	连衣裙				
款式图与款式说明	款式图			款式说明： 1. 合体接腰型连衣裙，无袖，装圆领 2. 前片收腋下省，前后片各收1个腰省 3. 后片安装隐形拉链，裙摆收边	
成品规格（cm）					
部位	S	M	L	档差	公差
裙长	90	92	94	2	±1
胸围	86	90	94	4	±1

续表

成品规格（cm）

部位	S	M	L	档差	公差
腰围	70	74	78	4	±1
臀围	92	96	100	4	±1
背长	37	38	39	1	±0.5
肩宽	34	35	36	1	±0.5
袖窿深	22.5	23	23.5	0.5	±0

测量方法示意图

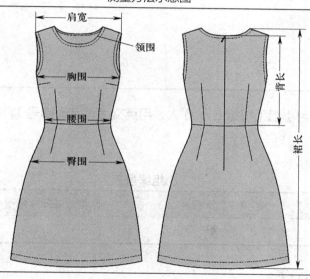

封样意见：

制版工艺要求	1. 制版充分考虑款式特征、面料特性和工艺要求 2. 样板结构合理，尺寸符合规格要求，对合部位长短一致 3. 结构图干净整洁，标注清晰规范 4. 辅助线、轮廓线界定清晰，线条平滑、圆顺、流畅 5. 样板类型齐全、数量准确、标注规范 6. 省、剪口、钻孔等位置正确，标记齐全，放缝量、折边量符合要求 7. 样板轮廓光滑、顺畅，无毛刺 8. 结构图与样板校验无误
排料工艺要求	1. 合理、灵活运用"先大后小、紧密套排、缺口合并、大小搭配"的排料原则 　2. 确保部件齐全、排列紧凑、套排合理、丝缕正确、拼接适当、两端齐口，排料既要符合质量要求，又要节约原料 　3. 合理解决倒顺毛、倒顺光、倒顺花，对条、对格、对花和有色差布料的排料问题

续表

算料要求	1. 充分考虑款式的特点、服装的规格、色号的配比、具体的工艺要求和裁剪损耗，还要考虑具体布料的幅宽和特性 2. 宁略多，勿偏少
制作工艺要求	1. 缝制采用 12 号机针，线迹密度为：12 ~ 15 针 /3 cm，线迹松紧适度 2. 尺寸规格达到要求，裙长、腰围误差小于 1 cm，臀围误差小于 2 cm 3. 拉链平服，不外露 4. 面料松紧适宜、不起吊 5. 熨烫平服，无烫焦、烫黄现象 6. 整洁、美观，无污渍、水花、线头
备注	

3. 分成学习小组（每组 5 ~ 6 人，用英文大写字母编号），将分组信息填写在表 2-2 中。

表 2-2　　　　　　　　　小组编号表

组号	组内成员及编号	组长姓名及编号	本人姓名及编号

二、学习过程

（一）明确工作任务、获取相关信息

1. 知识学习

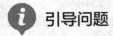 引导问题

（1）连衣裙有哪些风格？

_____

_____

 引导问题

（2）简要写出连衣裙制版的流程。

_____

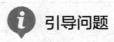 小贴士

连衣裙是指上衣和裙子连成一体的连裙装。连衣裙是变化最多、种类最多、最受青睐的服装之一。连衣裙有多种样式，有长袖的、短袖的、无袖的，有领式的、无领式的等。

1. 按长度不同分类，连衣裙可分为超短裙、短裙、及膝裙、中长裙、长裙、拖地长裙等。

2. 按整体造型不同分类，连衣裙可分为紧身裙、直裙、半紧身裙、斜裙、节裙、半圆裙和整圆裙等。

3. 按裙褶不同分类，连衣裙可分为单向褶裙、对褶裙、活褶裙、碎褶裙、立体裙等。

4. 按穿着场合不同分类，连衣裙可分为礼服裙、休闲裙、西装裙等。

5. 按腰线高低不同分类，连衣裙可分为自然腰裙、无腰裙、连腰裙、低腰裙、高腰裙等。

6. 按轮廓造型不同分类，连衣裙可分为 X 形裙、H 形裙、A 形裙、T 形裙、O 形裙等。

7. 按裙子片数不同分类，连衣裙可分两片裙、三片裙、四片裙、六片裙、多片裙等。

ℹ️ 引导问题

（3）通过小组讨论，写出 X 形裙、H 形裙、O 形裙的区别。

2. 学习检验

ℹ️ 引导问题

在教师的引导下，独立完成表 2-3 的填写。

表2-3　　　　　　　学习任务与学习活动简要归纳表

本次学习任务的名称	
本次学习任务的目标	
本次学习活动的名称	
连衣裙制版的工艺要求	
你认为本次学习任务中，哪些目标的实现难度较大	

引导、评价、更正与完善

在教师讲评引导的基础上，对本阶段的学习活动成果进行自我评分和小组评分（100分制），之后独立用红笔对本阶段有关问题的回答进行更正和完善。

项目	类别	分数	项目	类别	分数
个人自评分	关键能力		小组评分	关键能力	
	专业能力			专业能力	

（二）制订连衣裙基础样板制作计划并决策

1. 知识学习

在教师指导下，制订连衣裙基础样板制作计划，并通过小组讨论做出决策。

计划制订参考意见：整个工作的内容和目标是什么？整个工作分几步实施？工作过程中要注意什么？小组成员之间该如何配合？出现问题该如何处理？

2. 学习检验

 引导问题

（1）请简要写出你们小组的计划。

_____

_____

 引导问题

（2）你在制订计划的过程中承担了什么工作？有什么体会？

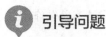 引导问题

（3）教师对小组的计划给出了什么修改建议？为什么？

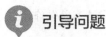 引导问题

（4）你认为计划中哪些地方比较难实施？为什么？

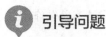 引导问题

（5）小组最终做出了什么决定？是如何做出的？

引导、评价、更正与完善

在教师讲评引导的基础上，对本阶段的学习活动成果进行自我评分和小组评分（100分制），之后独立用红笔对本阶段有关问题的回答进行更正和完善。

项目	类别	分数	项目	类别	分数
个人自评分	关键能力		小组评分	关键能力	
	专业能力			专业能力	

（三）连衣裙基础样板制作与检验

1. 实践操作

 训练

（1）请参照生产工艺单中M码连衣裙的成品规格和图2-1，独立完成连衣裙基础样板的制作与检验，然后回答下列问题。

①在图2-1中，前肩宽在领圈处减掉了3 cm，为什么这样做？这样做的作用是什么？

②在图2-1中，背长尺寸为38 cm，这种提高腰节线的结构设计有什么作用？

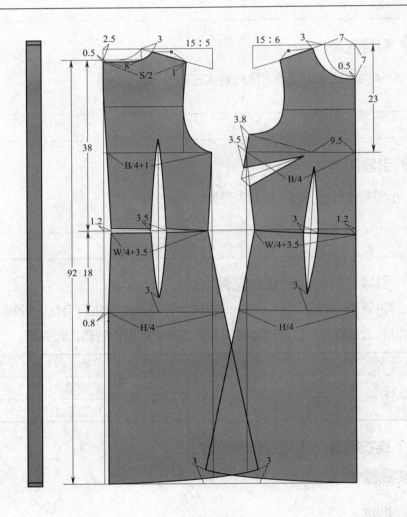

图 2-1　连衣裙结构图

 训练

（2）连衣裙面板放缝数值如下：底边放缝 3 cm，其他部位放缝 1 cm。请参照图 2-2，独立完成连衣裙面板的放缝与检验，然后回答下列问题。

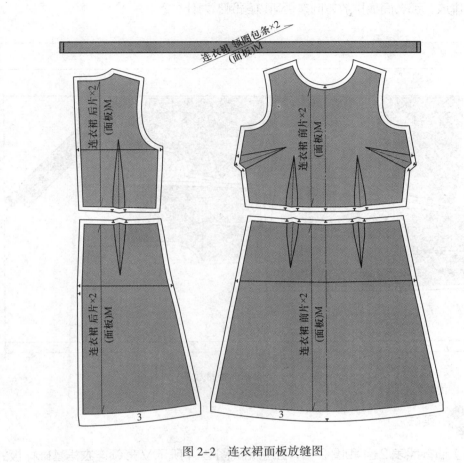

图 2-2　连衣裙面板放缝图

①在图 2-2 中，连衣裙领圈包条为 45 度斜条（斜裁），这样裁剪的作用是什么？

_____

_____

②在图 2-2 中，连衣裙面板底边的缝份为 3 cm，下摆的两角要做倒角处理，这样设计的原因是什么？

_____

_____

 引导问题

（3）请用连衣裙面板在幅宽 145 cm 的面料上进行单件样板排放，如图 2-3 所示。在图 2-3 中，连衣裙面板的布纹线采用双箭头标识，在排放过程中，它可以颠倒方向排放，那么面板排放方向是否可以颠倒？为什么？

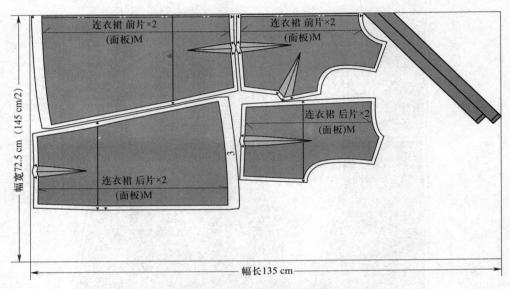

图 2-3　连衣裙面板排放图

实践

（4）请参照表 2-4 和图 2-5，独立完成图 2-4 所示 V 形领连衣裙基础样板的制作与检验，并回答下列问题。

表 2-4　　　　　　　　　　V 形领连衣裙成品规格表　　　　　　单位：cm

尺码	裙长	胸围	腰围	臀围	肩宽	胸高	裙摆
M	90	90	74	94	38	24	220

①在图 2-5 中，胸省转移采用了哪种方法？

②说一说公主缝的特点。

图 2-4　V 形领连衣裙款式图

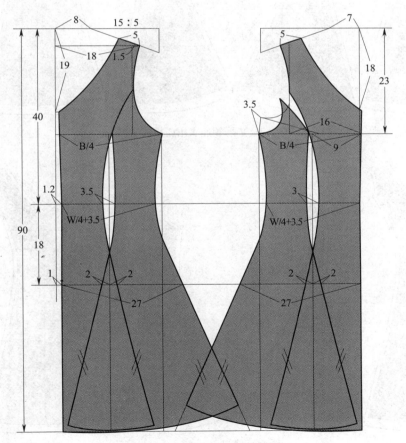

图 2-5　V 形领连衣裙结构图

实践

（5）V形领连衣裙样板的放缝数值如下：

面板：底边放缝3 cm，其他部位放缝1 cm。

里板：底边放缝2 cm，其他部位放缝1 cm。

请参照图2-6、图2-7，独立完成V形领连衣裙面板、里板的放缝与检验。

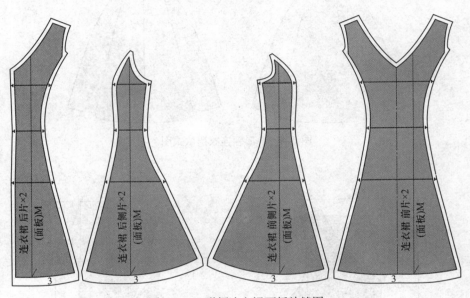

图2-6　V形领连衣裙面板放缝图

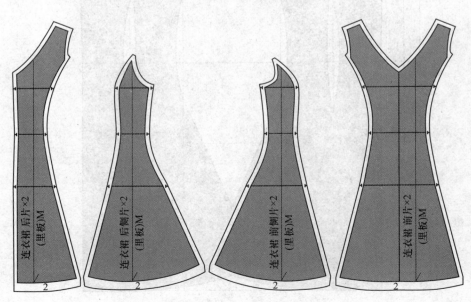

图2-7　V形领连衣裙里板放缝图

在图2-6和图2-7中，V形领连衣裙面板与里板放缝的区别有哪些？这样设计的作用是什么？

 实践

（6）请用V形领连衣裙面板在幅宽145 cm的面料上进行单件样板排放，如图2-8所示。

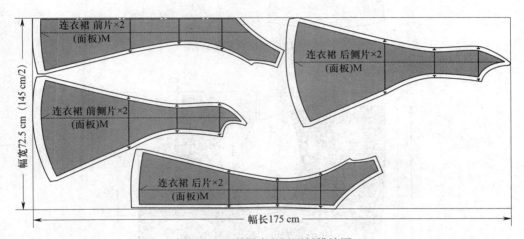

图2-8　V形领连衣裙面板排放图

 实践

（7）参照表2-5和图2-10，独立完成图2-9所示U形领连衣裙基础样板的制作与检验，然后回答下列问题。

表2-5　　　　　　　　　　U形领连衣裙成品规格表　　　　　　　　单位：cm

尺码	裙长	胸围	腰围	臀围	肩宽	胸高	裙摆
M	85	90	74	94	38	24	100

①在图2-10中，连衣裙前片胸省转移采用了哪种方法？这样处理的原因是什么？

图 2-9　U 形领连衣裙款式图

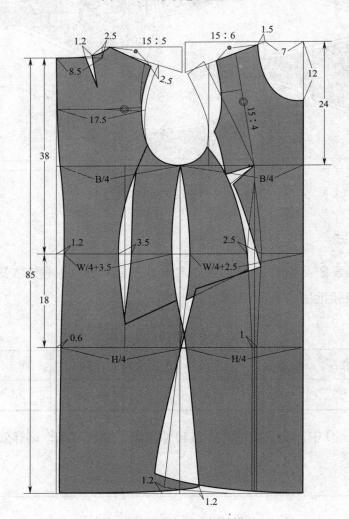

图 2-10　U 形领连衣裙结构图

②在图 2-10 中，连衣裙后片肩省转移采用了哪种方法？这样处理的原因是什么？

_____

_____

_____

 实践

（8）U 形领连衣裙样板的放缝数值如下：

面板：底边放缝 3 cm，其他部位放缝 1 cm。

里板：底边放缝 2 cm，其他部位放缝 1 cm。

请参照图 2-11、图 2-12，独立完成 U 形领连衣裙面板、里板的放缝与检验。

图 2-12 中连衣裙的胸省、腰省与图 2-11 中的有很大不同，这样处理的原因是什么？

_____

_____

_____

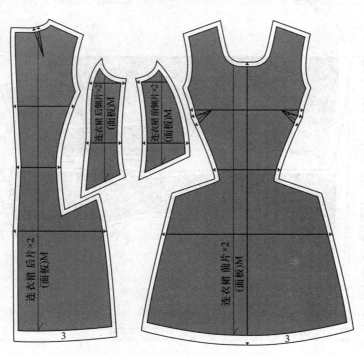

图 2-11　U 形领连衣裙面板放缝图

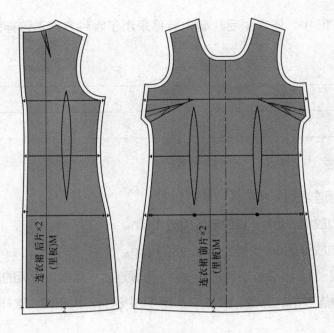

图 2-12　U 形领连衣裙里板放缝图

 实践

（9）请用 U 形领连衣裙面板在幅宽 145 cm 的面料上进行单件样板排放，如图 2-13 所示。

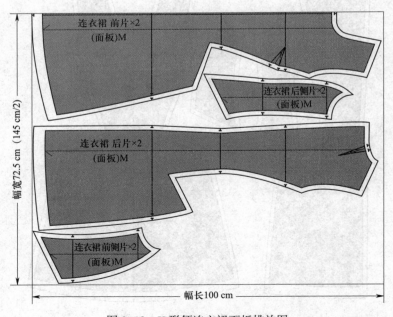

图 2-13　U 形领连衣裙面板排放图

2. 学习检验

ⓘ 引导问题

（1）在小组讨论的基础上，说一说绘制图 2-1 时采用的结构设计手法、使用的制图符号，以及连衣裙基础样板制作的注意事项。

_____

_____

_____

_____

◉◉ 分类整理

（2）在全面核查的基础上，对连衣裙的基础样板进行分类整理，并填写表 2-6。

表 2-6　　　　　　　　　　基础样板汇总清单

基础样板	裁剪样板数量	工艺样板数量
面料样板		
里料样板		
衬料样板		
修正样板		
定位样板		
定型样板		

🔍 引导、评价、更正与完善

在教师讲评引导的基础上，对本阶段的学习活动成果进行自我评分和小组评分（100 分制），之后独立用红笔对本阶段有关问题的回答进行更正和完善。

项目	类别	分数	项目	类别	分数
个人自评分	关键能力		小组评分	关键能力	
	专业能力			专业能力	

（四）成果展示与评价反馈

1. 知识学习

学习展示的基本方法、评价的标准和方法。

2. 技能训练

在教师的指导下，以小组为单位，展示已完成的连衣裙基础样板并进行简要介绍。

3. 学习检验

引导问题

（1）在教师的指导下，在小组内进行作品展示，然后经小组讨论，推选出一组最佳作品，进行全班展示与评价，由组长简要介绍推选的理由，小组其他成员做补充并记录。

小组最佳作品制作人：_____

推选理由：_____

_____

_____

其他小组评价意见：_____

_____

教师评价意见：_____

_____

引导问题

（2）将本次学习活动中出现的问题及其产生的原因和解决的办法填写在表 2-7 中。

表 2-7　　　　　　　　　　　　问题分析表

出现的问题	产生的原因	解决的办法

自我评价

（3）将本次学习活动中自己最满意的地方和最不满意的地方各写两点，并简要说明原因，然后完成表 2-8 的填写。

最满意的地方：_____

最不满意的地方：_____

表 2-8　　　　　　　　　学习活动考核评价表

学习活动名称：连衣裙基础样板制作

班级：　　　　　　　　学号：　　　　　　　　姓名：　　　　　　　　指导教师：

评价项目	评价标准	评价依据	评价方式			权重	得分小计	总分
			自我评价	小组评价	教师评价			
			10%	20%	70%			
关键能力	1. 能穿戴劳保用品，执行安全生产操作规程 2. 能参与小组讨论，进行相互交流与评价 3. 能清晰、准确表达 4. 能清扫场地和工作台，归置物品，填写活动记录	1. 课堂表现 2. 工作页填写				40%		
专业能力	1. 能设定连衣裙基础样板规格 2. 能制订连衣裙基础样板制作计划，准备相关工具与材料，完成连衣裙结构制图 3. 能正确拷贝轮廓线，依据连衣裙款式特点和制作工艺要求，准确放缝，制作基础样板 4. 能按照样板制作技术规范，完成样板编号、标注、打孔、分类等工作 5. 能记录连衣裙基础样板制作过程中的疑难点，并在教师的指导下，通过小组讨论或独立思考、实践解决	1. 课堂表现 2. 工作页填写 3. 提交的连衣裙结构图 4. 提交的连衣裙基础样板				60%		
指导教师综合评价								

指导教师签名：　　　　　　　　日期：

三、学习拓展

本阶段学习任务要求学生在课后独立完成。教师可根据本校的教学需要和学生的实际情况，选择部分内容或全部内容进行实践，也可另行选择相关拓展内容，亦可不实施本学习拓展，将其所需课时用于学习过程阶段实践内容的强化。

拓展 1

请参照表 2-9，独立完成图 2-14 所示连衣裙结构图的绘制和基础样板的制作与检验。

表 2-9　　　　　　　　　　连衣裙成品规格表　　　　　　　　　单位：cm

尺码	裙长	胸围	腰围	臀围	臀高	肩宽	摆围
M	100	90	70	92	18	38	240

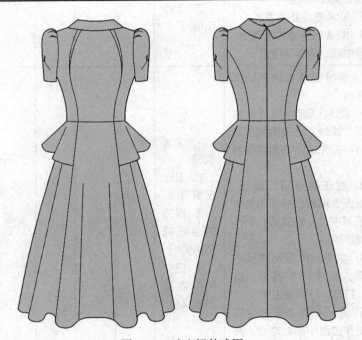

图 2-14　连衣裙款式图

拓展 2

参照表 2-10，独立完成图 2-15 所示育克褶裙结构图的绘制和基础样板的制作与检验。

表 2-10　　　　　　　　　　育克褶裙成品规格表　　　　　　　　单位：cm

尺码	裙长	胸围	腰围	臀围	臀高	肩宽	摆围
M	110	90	70	92	18	38	160

图 2-15　育克褶裙款式图

拓展 3

　　调研今年流行的裙装式样，分析这类裙装款式特点、结构设计的方法，并将新颖、别致、巧妙、有创意的设计记录下来。

_____

_____

_____

_____

工作总结

　　请撰写一篇 300 字左右的连衣裙制版工作总结。

_____

_____

_____

_____

_____

_____

学习任务三
男西裤制版

学习目标

1. 能严格遵守工作制度，服从工作安排，按要求准备好男西裤制版所需的工具、设备、材料与各项技术文件。

2. 能正确解读男西裤制版各项技术文件，明确男西裤制版的流程、方法和注意事项。

3. 能查阅相关技术资料，制订男西裤制版计划，并在教师的指导下，通过小组讨论做出决策。

4. 能依据技术文件要求，结合男西裤制版规范，独立完成男西裤基础样板的制作、检查与复核工作。

5. 能对照技术文件，独立完成男西裤成品样衣的尺寸测量，并依据测量结果，将基础样板修改、调整到位。

6. 能在教师的指导下，对照技术文件，按照省时、省力、省料的原则，完成男西裤样板排放与材料核算工作。

7. 能正确填写男西裤制版的相关技术文件。

8. 能记录男西裤制版过程中的疑难点，通过小组讨论、合作探究或在教师的指导下，提出妥善解决的办法。

9. 能按要求，进行资料归类和生产现场整理。

10. 能展示、评价男西裤制版各阶段成果，并根据评价结果，做出相应反馈。

学习任务描述

1. 学生接到任务、明确任务目标后，按要求将男西裤制版所需的工具、设备、材料与各项技术文件准备到位。

2. 解读男西裤制版各项技术文件，明确制版流程、方法和注意事项。

3. 查阅相关技术资料，制订男西裤制版计划，并在教师的指导下，通过小组讨论做出决策。

4. 依据技术文件要求，结合男西裤制版规范，在工作台上利用铅笔、直尺、放码尺、橡皮、纸张、大剪刀、打孔器和绳子等工具，独立完成男西裤基础样板的制作、检查与复核工作，并利用全套基础样板，按照制作要求和规范，进行男西裤成品样衣制作。

5. 男西裤成品样衣制作完成后，对照技术文件，独立完成成品样衣的尺寸测量，并依据测量结果，将基础样板修改、调整到位。

6. 在任务实施过程中，及时填写生产通知单、面辅料明细表、面辅料测试明细表、生产工艺单、样板复核单、首件封样单等相关技术文件，随时记录遇到的问题和疑难点，并通过小组讨论、合作探究或在教师的指导下，提出较为合理的解决办法。

7. 制版工作结束后，及时清扫场地和工作台，归置物品，填写设备使用记录，提交作品并进行展示与评价。

学习活动

男西裤基础样板制作

学习活动
男西裤基础样板制作

一、学习准备

1. 服装打板一体化教室、打板桌、排料台、服装 CAD 打板系统、样板制作工具。

2. 劳保用品、安全生产操作规程、男西裤生产工艺单（见表 3-1）、男西裤制版相关学习材料。

表 3-1　　　　　　　　　　　男西裤生产工艺单

款式名称	男西裤		
款式图与款式说明	 款式图		款式说明： 1. 商务合体中腰直筒型男西裤 2. 前片无省，装斜插袋，门襟装拉链 3. 后片收腰省，做单嵌线口袋 4. 脚口卷边

成品规格（cm）

部位	S	M	L	档差	公差
裤长	100	102	104	2	±1
腰围	74	78	82	4	±1

续表

成品规格（cm）					
部位	S	M	L	档差	公差
臀围	96	100	104	4	±1
脚口	39	40	41	1	±0.5
腰带宽	4	4	4	0	±0
立档深	26	26.5	27	0.5	±0

测量方法示意图

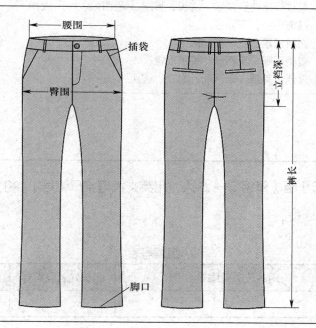

封样意见：

制版工艺 要求	1. 制版充分考虑款式特征、面料特性和工艺要求 2. 样板结构合理，尺寸符合规格要求，对合部位长短一致 3. 结构图干净整洁，标注清晰规范 4. 辅助线、轮廓线界定清晰，线条平滑、圆顺、流畅 5. 样板类型齐全、数量准确、标注规范 6. 省、剪口、钻孔等位置正确，标记齐全，放缝量、折边量符合要求 7. 样板轮廓光滑、顺畅，无毛刺 8. 结构图与样板校验无误

续表

排料工艺要求	1. 合理、灵活运用"先大后小、紧密套排、缺口合并、大小搭配"的排料原则 2. 确保部件齐全、排列紧凑、套排合理、丝绺正确、拼接适当、两端齐口，排料既要符合质量要求，又要节约原料 3. 合理解决倒顺毛、倒顺光、倒顺花，对条、对格、对花和有色差布料的排料问题
算料要求	1. 充分考虑款式的特点、服装的规格、色号的配比、具体的工艺要求和裁剪损耗，还要考虑具体布料的幅宽和特性 2. 宁略多，勿偏少
制作工艺要求	1. 缝制采用 12 号机针，线迹密度为：12 ~ 15 针 /3 cm，线迹松紧适度 2. 尺寸规格达到要求，裤长、腰围、臀围误差小于 1 cm 3. 拉链平服，不外露 4. 面料松紧适宜、不起吊 5. 熨烫平服，无烫焦、烫黄现象 6. 整洁、美观，无污渍、水花、线头
备注	

3. 分成学习小组（每组 5 ~ 6 人，用英文大写字母编号），将分组信息填写在表 3-2 中。

表 3-2　　　　　　　　　小组编号表

组号	组内成员及编号	组长姓名及编号	本人姓名及编号

二、学习过程

（一）明确工作任务、获取相关信息

1. 知识学习

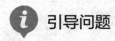 引导问题

（1）裤子有哪些款式？不同款式的裤子分别有什么特点？

_____

_____

_____

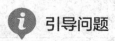 引导问题

（2）请简要写出男西裤制版的流程。

_____

_____

_____

📑 小贴士

裤子的分类

按长度不同分类，裤子可分为热裤（超短裤）、短裤、五分裤、七分裤、九分裤、长裤等。

按裤型不同分类，裤子可分为阔腿裤、背带裤、紧身裤等 11 种，不同裤型的裤子的特点分别如下：

1. 阔腿裤：宽松，从大腿至裤脚上下宽度一致，能修饰腿形。

2. 背带裤：裤腰上装有挎肩背带，显高显瘦。

3. 紧身裤：能够勾勒出穿着者的下半身曲线，使其双腿显得修长。

4. 小脚裤：上松下紧，呈锥子形，也常被称为烟管裤，可以修饰腿形。

5. 灯笼裤：裤管宽大，裤脚口收紧，裤腰部位嵌缝松紧带，上下两端紧窄，中段松肥，形如灯笼。

6. 喇叭裤：裤腿形如喇叭，能修饰腿形。

7. 哈伦裤：上宽下肥，裤裆宽松，裤管比较窄。

8. 工装裤：宽松且有很多口袋，整体休闲青春，偏男孩子气。

9. 裙裤：外观似裙子，像裤子一样有下裆，是裤子与裙子的结合体，男性和女性皆可穿着。

10. 束脚裤：上半部分比较宽松，但裤脚处有松紧带或绑绳。

11. 西裤：平滑舒适，裤管有侧缝。

2. 学习检验

ⓘ 引导问题

在教师的引导下，独立完成表 3-3 的填写。

表 3-3　　　　　　　　　学习任务与学习活动简要归纳表

本次学习任务的名称	
本次学习任务的目标	
本次学习活动的名称	
男西裤制版的工艺要求	
你认为本次学习任务中，哪些目标的实现难度较大	

引导、评价、更正与完善

在教师讲评引导的基础上，对本阶段的学习活动成果进行自我评分和小组评分（100 分制），之后独立用红笔对本阶段有关问题的回答进行更正和完善。

项目	类别	分数	项目	类别	分数
个人自评分	关键能力		小组评分	关键能力	
	专业能力			专业能力	

（二）制订男西裤基础样板制作计划并决策

1. 知识学习

在教师指导下，制订男西裤基础样板制作计划，并通过小组讨论做出决策。

计划制订参考意见：整个工作的内容和目标是什么？整个工作分几步实施？工作过程中要注意什么？小组成员之间该如何配合？出现问题该如何处理？

2. 学习检验

 引导问题

（1）请简要写出你们小组的计划。

_____

_____

 引导问题

（2）你在制订计划的过程中承担了什么工作？有什么体会？

_____

_____

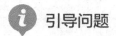

引导问题

（3）教师对小组的计划给出了什么修改建议？为什么？

_____

_____

引导问题

（4）你认为计划中哪些地方比较难实施？为什么？

_____

_____

引导问题

（5）小组最终做出了什么决定？是如何做出的？

_____

_____

引导、评价、更正与完善

在教师讲评引导的基础上，对本阶段的学习活动成果进行自我评分和小组评分（100 分制），之后独立用红笔对本阶段有关问题的回答进行更正和完善。

项目	类别	分数	项目	类别	分数
个人自评分	关键能力		小组评分	关键能力	
	专业能力			专业能力	

（三）男西裤基础样板制作与检验

1. 实践操作

训练

（1）参照生产工艺单中 M 码男西裤成品规格和图 3-1，独立完成男西裤基础样板的制作与检验，然后回答下列问题。

①在图 3-1 中，前后片脚口尺寸相差 4 cm，这样设计的原因是什么？

_____

_____

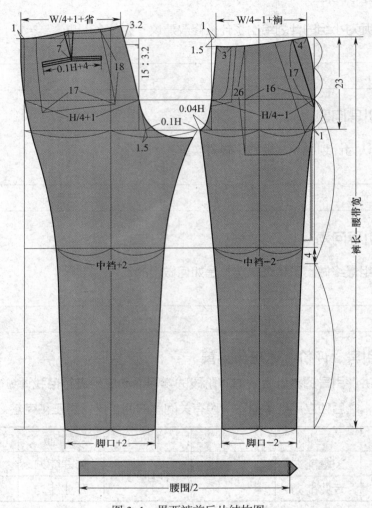

图 3-1　男西裤前后片结构图

②在图 3-1 中，后片的腰节省量与前片的不一样，前后片腰省长度也不一样，这样设计的目的是什么？

_____

_____

 训练

（2）男西裤样板放缝数值如下：脚口放缝 4 cm，裤子后中裆放缝 2 cm，其他部位放缝 1 cm。

请参照图 3-2，独立完成男西裤样板的放缝与检验，然后回答下列问题。

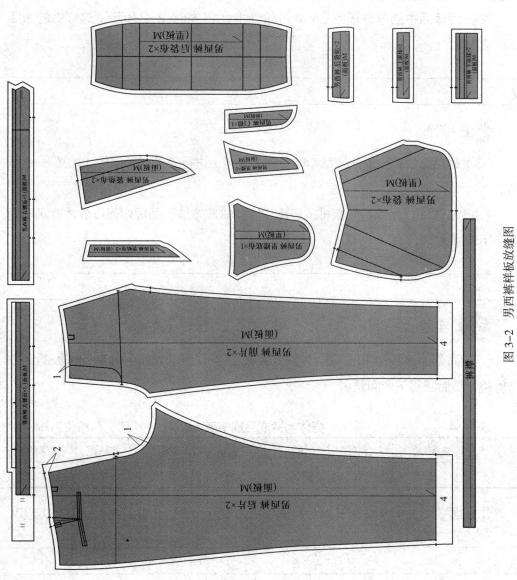

图 3-2　男西裤样板放缝图

①在图 3-2 中，脚口放缝 4 cm，除裤子后中裆外其他部位均放缝 1 cm，这样做的原因是什么？

_____

_____

②男西裤后中裆放缝量由 2 cm 过渡到 1 cm，如图 3-2 所示，这样做的原因是什么？

_____

_____

 训练

（3）请用男西裤面板在幅宽 145 cm 的面料上进行单件样板排放，如图 3-3 所示。

在图 3-3 中，男西裤面板排放运用了哪些排放方法？面板如何排放才能实现面料利用率最大？

_____

_____

 实践

（4）请参照表 3-4 和图 3-4，独立完成图 3-5 所示男休闲裤基础样板的制作与检验，然后回答下列问题。

表 3-4 男休闲裤成品规格表 单位：cm

尺码	裤长	腰围	臀围	脚口	中裆	腰带宽	立裆深
M	102	82	102	38	46	4	27

①在图 3-5 中，男休闲裤前片斜插袋宽为 15 cm，这个数值由哪些因素决定？

_____

_____

②在图 3-5 中，男休闲裤后片口袋布深为 23 cm，这个数值由哪些因素决定？

_____

_____

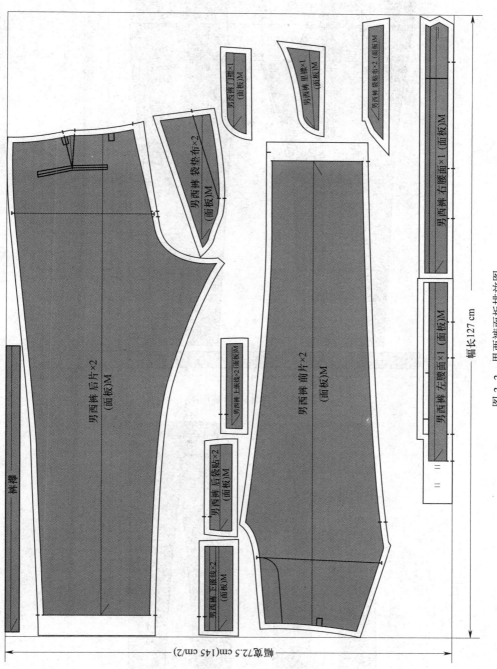

图 3-3 男西裤面板排放图

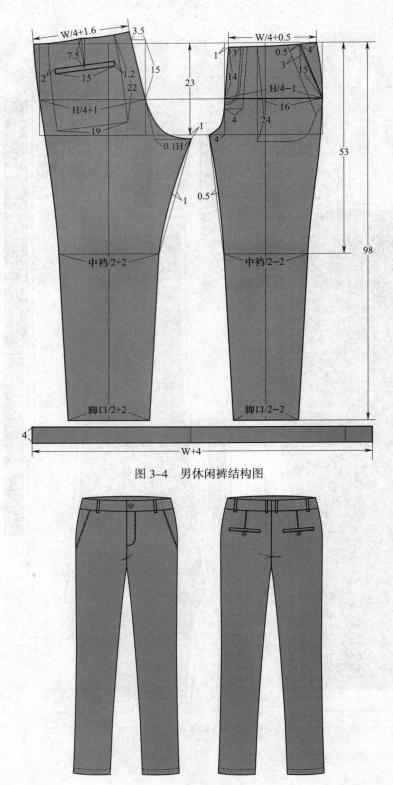

图 3-4　男休闲裤结构图

图 3-5　男休闲裤款式图

实践

（5）男休闲裤样板放缝数值如下：脚口放缝 3 cm，其他部位放缝 1 cm。

请参照图 3-6，独立完成男休闲裤样板的放缝与检验。

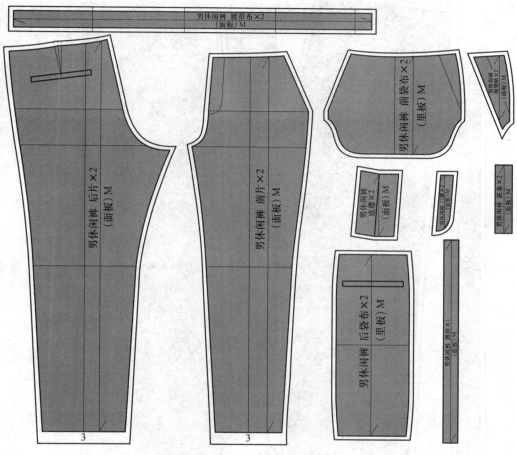

图 3-6　男休闲裤样板放缝图

在图 3-6 中，口袋嵌条布经纱向与裤子前后片经纱向方向不同，这样设计的原因是什么？

_____

_____

_____

 实践

（6）请用男休闲裤面板在幅宽 145 cm 的面料上进行单件样板排放，如图 3-7 所示。

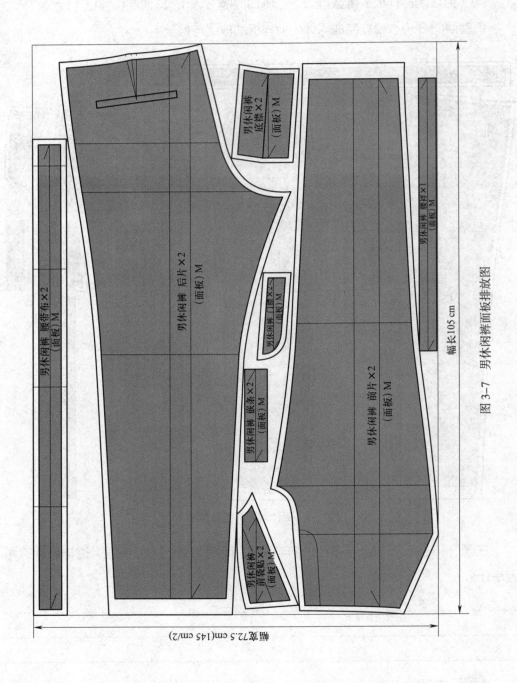

幅长 105 cm

图 3-7 男休闲裤面板排放图

幅宽 72.5 cm(145 cm/2)

男休闲裤 腰带布 ×2 （面板）M

男休闲裤 后片 ×2 （面板）M

男休闲裤 底襟 ×2 （面板）M

男休闲裤 腰袢 ×1 （面板）M

男休闲裤 前片 ×2 （面板）M

男休闲裤 门襟 ×1 （面板）M

男休闲裤 嵌条 ×2 （面板）M

男休闲裤 前袋贴 ×2 （面板）M

在图3-8中，前片与后片是否可以颠倒方向排放？为什么？

_____

_____

_____

 实践

（7）参照表3-5和图3-8、图3-9、图3-10，独立完成图3-11所示男牛仔裤基础样板的制作与检验。

表3-5　　　　　　　　　　男牛仔裤成品规格表　　　　　　　单位：cm

尺码	裤长	腰围	臀围	脚口	中档	腰带宽	立裆深
M	100	80	98	36	94	4	27

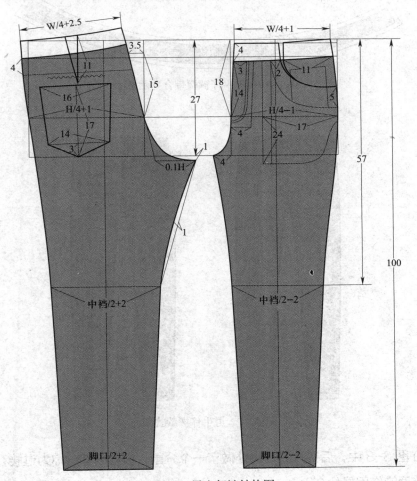

图3-8　男牛仔裤结构图

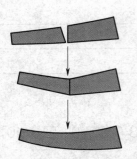

图 3-9　男牛仔裤后过腰省量合并示意图

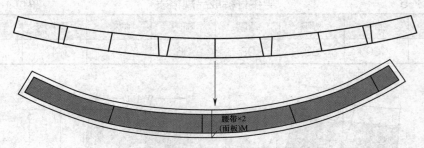

腰带×2
(面板)M

图 3-10　男牛仔裤腰带合并示意图

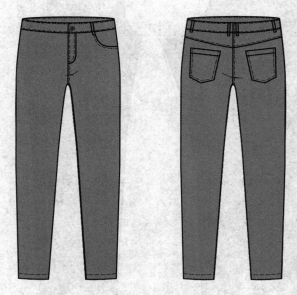

图 3-11　男牛仔裤款式图

①在图 3-8 中，后裤片的省尖处做了一个分割，被分割部分称为过腰，这样进行结构处理的作用是什么？

②在图 3-9 中，男牛仔裤后过腰省量合并并与裤片匹配时，需要注意的问题有哪些？

 实践

（8）男牛仔裤样板的放缝数值如下：脚口放缝 3 cm，后袋口放缝 3 cm，装饰袋口放缝 2 cm，其他部位放缝 1 cm。

请参照图 3-12，独立完成男牛仔裤样板的放缝与检验，然后回答下列问题。

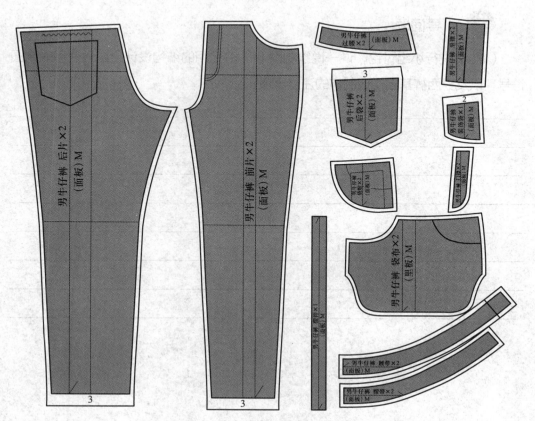

图 3-12　男牛仔裤样板放缝图

①请简述后片过腰面板经纬纱向的标识方法。

_____

_____

_____

②在图 3-12 中，袋贴面板经纬纱向与袋口线不垂直，为什么？

_____

_____

_____

🔧 实践

（9）请用男牛仔裤面板在幅宽 145 cm 的面料上进行单件样板排放，如图 3-13 所示。

2. 学习检验

ⓘ 引导问题

（1）请进行小组讨论，说一说绘制图 3-1 时采用的结构设计手法、使用的制图符号，以及男西裤基础样板制作的注意事项。

_____

_____

_____

_____

_____

_____

_____

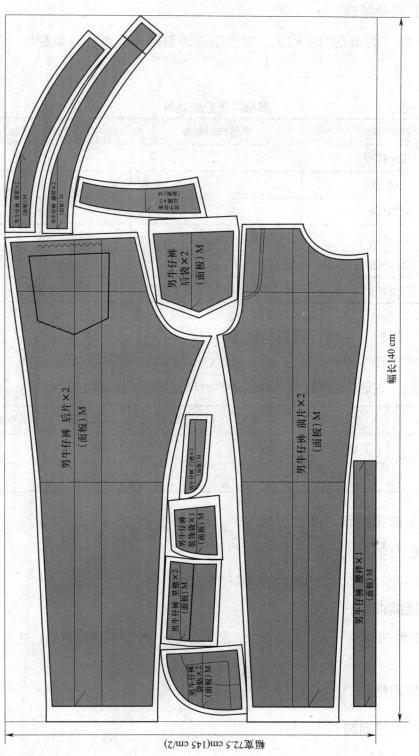

幅长 140 cm

图 3–13　男牛仔裤面板排放图

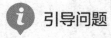 分类整理

（2）在全面核查的基础上，对男西裤的基础样板进行分类整理，并填写表3-6。

表3-6 基础样板汇总清单

基础样板	裁剪样板数量	工艺样板数量
面料样板		
里料样板		
衬料样板		
修正样板		
定位样板		
定型样板		

引导、评价、更正与完善

在教师讲评引导的基础上，对本阶段的学习活动成果进行自我评分和小组评分（100分制），之后独立用红笔对本阶段有关问题的回答进行更正和完善。

项目	类别	分数	项目	类别	分数
个人自评分	关键能力		小组评分	关键能力	
	专业能力			专业能力	

（四）成果展示与评价反馈

1. 知识学习

学习展示的基本方法、评价的标准和方法。

2. 技能训练

在教师的指导下，以小组为单位，展示已完成的男西裤基础样板，并进行简要介绍。

3. 学习检验

引导问题

（1）在教师的指导下，在小组内进行作品展示，然后经小组讨论，推选出一组

最佳作品，进行全班展示与评价，由组长简要介绍推选的理由，小组其他成员做补充并记录。

小组最佳作品制作人：_____

推选理由：_____

_____

_____

其他小组评价意见：_____

_____

_____

教师评价意见：_____

_____

_____

引导问题

（2）将本次学习活动中出现的问题及其产生的原因和解决的办法填写在表 3-7 中。

表 3-7　　　　　　　　　　问题分析表

出现的问题	产生的原因	解决的办法

自我评价

（3）将本次学习活动中自己最满意的地方和最不满意的地方各写两点，并简要说明原因，然后完成表 3-8 的填写。

最满意的地方：_____

最不满意的地方：_____

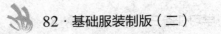

表 3-8   **学习活动考核评价表**

学习活动名称：男西裤基础样板制作

班级：   学号：   姓名：   指导教师：

评价项目	评价标准	评价依据	评价方式			权重	得分小计	总分
			自我评价	小组评价	教师评价			
			10%	20%	70%			
关键能力	1. 能穿戴劳保用品，执行安全生产操作规程 2. 能参与小组讨论，进行相互交流与评价 3. 能清晰、准确表达 4. 能清扫场地和工作台，归置物品，填写活动记录	1. 课堂表现 2. 工作页填写				40%		
专业能力	1. 能设定男西裤基础样板规格 2. 能制订男西裤基础样板制作计划，准备相关工具与材料，完成男西裤结构制图 3. 能正确拷贝轮廓线，依据男西裤款式特点和制作工艺要求，准确放缝，制作基础样板 4. 能按照样板制作技术规范，完成样板编号、标注、打孔、分类等工作 5. 能记录男西裤基础样板制作过程中的疑难点，并在教师的指导下，通过小组讨论或独立思考、实践解决	1. 课堂表现 2. 工作页填写 3. 提交的男西裤结构图 4. 提交的男西裤基础样板				60%		
指导教师综合评价								

指导教师签名：   日期：

三、学习拓展

本阶段学习任务要求学生在课后独立完成。教师可根据本校的教学需要和学生的实际情况，选择部分内容或全部内容进行实践，也可另行选择相关拓展内容，亦可不实施本学习拓展，将其所需课时用于学习过程阶段实践内容的强化。

拓展 1

请参照表 3-9，独立完成图 3-14 所示女工装裤（款式一）结构图的绘制和基础样板的制作与检验。

表 3-9　　　　　　女工装裤（款式一）成品规格表　　　　　单位：cm

尺寸	裤长	腰围	臀围	脚口	中裆	腰带宽	直裆深
M	100	70	96	34	44	4	26

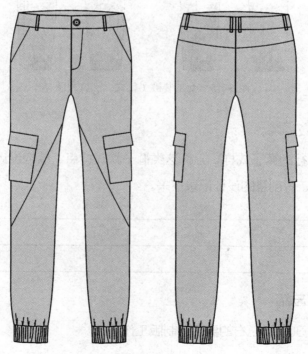

图 3-14　女工装裤（款式一）款式图

拓展 2

请参照表 3-10，独立完成图 3-15 所示女工装裤（款式二）结构图的绘制和基础样板的制作与检验。

表 3-10　　　　　女工装裤（款式二）成品规格表　　　　　　单位：cm

尺码	裤长	腰围	臀围	脚口	中裆	腰带宽	直裆深
M	100	70	96	32	44	4	26

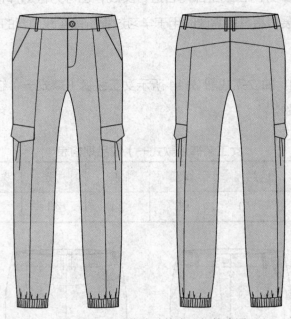

图 3-15　女工装裤（款式二）款式图

拓展 3

　　调研今年流行的裤子式样，分析这类裤子款式特点、结构设计的方法，并将新颖、别致、巧妙、有创意的设计记录下来。

_____

_____

_____

工作总结

请撰写一篇 300 字左右的男西裤制版工作总结。

_____

_____

_____

_____

学习任务四
女上衣制版

学习目标

1. 能严格遵守工作制度，服从工作安排，按要求准备好女上衣制版所需的工具、设备、材料与各项技术文件。

2. 能正确解读女上衣制版各项技术文件，明确女上衣制版的流程、方法和注意事项。

3. 能查阅相关技术资料，制订女上衣制版计划，并在教师的指导下，通过小组讨论做出决策。

4. 能依据技术文件要求，结合女上衣制版规范，独立完成女上衣基础样板的制作、检查与复核工作。

5. 能对照技术文件，独立完成女上衣成品样衣的尺寸测量，并依据测量结果，将基础样板修改、调整到位。

6. 能在教师的指导下，对照技术文件，按照省时、省力、省料的原则，完成女上衣样板排放与材料核算工作。

7. 能正确填写女上衣制版的相关技术文件。

8. 能记录女上衣制版过程中的疑难点，通过小组讨论、合作探究或在教师的指导下，提出妥善解决的办法。

9. 能按要求，进行资料归类和生产现场整理。

10. 能展示、评价女上衣制版各阶段成果，并根据评价结果，做出相应反馈。

学习任务描述

1. 学生接到任务、明确任务目标后，按要求将女上衣制版所需的工具、设备、材料与各项技术文件准备到位。

2. 解读女上衣制版各项技术文件，明确制版流程、方法和注意事项。

3. 查阅相关技术资料，制订女上衣制版计划，并在教师的指导下，通过小组讨论做出决策。

4. 依据技术文件要求，结合女上衣制版规范，在工作台上利用铅笔、直尺、放码尺、橡皮、纸张、大剪刀、打孔器和绳子等工具，独立完成女上衣基础样板的制作、检查与复核工作，并利用全套基础样板，按照制作要求和规范，进行女上衣成品样衣制作。

5. 女上衣成品样衣制作完成后，对照技术文件，独立完成成品样衣的尺寸测量，并依据测量结果，将基础样板修改、调整到位。

6. 在任务实施过程中，及时填写生产通知单、面辅料明细表、面辅料测试明细表、生产工艺单、样板复核单、首件封样单等相关技术文件，随时记录遇到的问题和疑难点，并通过小组讨论、合作探究或在教师的指导下，提出较为合理的解决办法。

7. 制版工作结束后，及时清扫场地和工作台，归置物品，填写设备使用记录，提交作品并进行展示与评价。

学习活动

女上衣基础样板制作

学习活动
女上衣基础样板制作

一、学习准备

1. 服装打板一体化教室、打板桌、排料台、服装 CAD 打板系统、样板制作工具。

2. 劳保用品、安全生产操作规程、女上衣生产工艺单（见表 4-1）、女上衣制版相关学习材料。

表 4-1　　　　　　　　　　女上衣生产工艺单

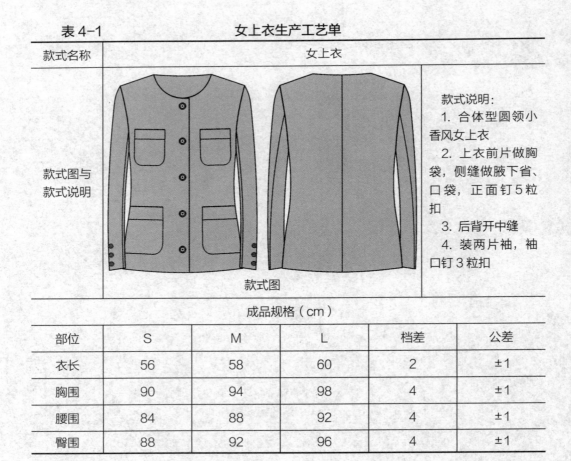

款式名称	女上衣				
款式图与款式说明	款式图			款式说明： 1. 合体型圆领小香风女上衣 2. 上衣前片做胸袋，侧缝做腋下省、口袋，正面钉5粒扣 3. 后背开中缝 4. 装两片袖，袖口钉3粒扣		

成品规格（cm）

部位	S	M	L	档差	公差
衣长	56	58	60	2	±1
胸围	90	94	98	4	±1
腰围	84	88	92	4	±1
臀围	88	92	96	4	±1

续表

成品规格（cm）

部位	S	M	L	档差	公差
肩宽	37	38	39	1	±0.5
袖长	55.5	57	58.5	1.5	±0.5
袖口	24	25	26	1	±0.5

测量方法示意图

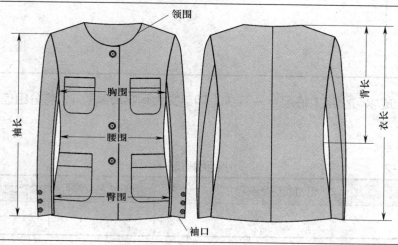

封样意见：

制版工艺 要求	1. 制版充分考虑款式特征、面料特性和工艺要求 2. 样板结构合理，尺寸符合规格要求，对合部位长短一致 3. 结构图干净整洁，标注清晰规范 4. 辅助线、轮廓线界定清晰，线条平滑、圆顺、流畅 5. 样板类型齐全、数量准确、标注规范 6. 省、剪口、钻孔等位置正确，标记齐全，放缝量、折边量符合要求 7. 样板轮廓光滑、顺畅，无毛刺 8. 结构图与样板校验无误
排料工艺 要求	1. 合理、灵活运用"先大后小、紧密套排、缺口合并、大小搭配"的排料原则 2. 确保部件齐全、排列紧凑、套排合理、丝缕正确、拼接适当、两端齐口，排料既要符合质量要求，又要节约原料 3. 合理解决倒顺毛、倒顺光、倒顺花，对条、对格、对花和有色差布料的排料问题
算料要求	1. 充分考虑款式的特点、服装的规格、色号的配比、具体的工艺要求和裁剪损耗，还要考虑具体布料的幅宽和特性 2. 宁略多，勿偏少

续表

制作工艺 要求	1. 缝制采用 12 号机针，线迹密度为：12 ~ 15 针 /3 cm，线迹松紧适度 2. 尺寸规格达到要求，衣长、腰围、臀围误差小于 1 cm 3. 拉链平服，不外露 4. 面料松紧适宜，不起吊 5. 熨烫平服，无烫焦、烫黄现象 6. 整洁、美观，无污渍、水花、线头
备注	

3. 分成学习小组（每组 5 ~ 6 人，用英文大写字母编号），将分组信息填写在表 4-2 中。

表 4-2　　　　　　　　小组编号表

组号	组内成员及编号	组长姓名及编号	本人姓名及编号

二、学习过程

（一）明确工作任务、获取相关信息

1. 知识学习

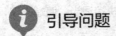 引导问题

（1）女上衣在款式设计上有哪些特点？

_____

_____

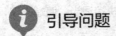 引导问题

（2）在结构设计上，男女款上衣有哪些不同之处？

_____

_____

小贴士

上衣一般由领、袖、衣身、口袋4部分构成，变化这4部分的造型可制作不同款式的上衣。我国服装行业一般按用途不同将上衣分为内上衣和外上衣两大类，内上衣包括汗衫、棉毛衫（针织服）等；外上衣一般以款式、用途、工艺特点、外来语或人名等命名，常见的外上衣有中山装、西装、学生装、军便装、夹克衫、两用衫、猎装、T恤衫、中式上衣等。此外，毛线衣、棉衣等上衣，既可内穿，也可外穿。

引导问题

（3）请简要写出女上衣制版的流程。

_____

_____

_____

_____

2. 学习检验

引导问题

在教师的引导下，独立完成表4-3的填写。

表4-3　　　　　　　　学习任务与学习活动简要归纳表

本次学习任务的名称	
本次学习任务的目标	
本次学习活动的名称	
女上衣制版的工艺要求	
你认为本次学习任务中，哪些目标的实现难度较大	

引导、评价、更正与完善

在教师讲评引导的基础上，对本阶段的学习活动成果进行自我评分和小组评分（100 分制），之后独立用红笔对本阶段有关问题的回答进行更正和完善。

项目	类别	分数	项目	类别	分数
个人自评分	关键能力		小组评分	关键能力	
	专业能力			专业能力	

（二）制订女上衣基础样板制作计划并决策

1. 知识学习

在教师指导下，制订女上衣基础样板制作计划，并通过小组讨论做出决策。

计划制订参考意见：整个工作的内容和目标是什么？整个工作分几步实施？工作过程中要注意什么？小组成员之间该如何配合？出现问题该如何处理？

2. 学习检验

引导问题

（1）请简要写出你们小组的计划。

_____

_____

引导问题

（2）你在制订计划的过程中承担了什么工作？有什么体会？

_____

_____

引导问题

（3）教师对小组的计划给出了什么修改建议？为什么？

_____

_____

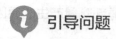 引导问题

（4）你认为计划中哪些地方比较难实施？为什么？你有什么想法？

_____

_____

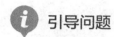 引导问题

（5）小组最终做出了什么决定？是如何做出的？

_____

_____

引导、评价、更正与完善

在教师讲评引导的基础上，对本阶段的学习活动成果进行自我评分和小组评分（100 分制），之后独立用红笔对本阶段有关问题的回答进行更正和完善。

项目	类别	分数	项目	类别	分数
个人自评分	关键能力		小组评分	关键能力	
	专业能力			专业能力	

（三）女上衣基础样板制作与检验

1. 实践操作

 训练

（1）根据表 4-4 绘制的女上衣前后片结构图如图 4-1 所示，请根据图中信息回答下列问题。

表 4-4　　　　　　　　　　女上衣成品规格表　　　　　　　　单位：cm

尺码	衣长	袖长	胸围	腰围	臀围	肩宽	胸高	袖肥	袖口
M	58	57	94	88	92	38	24	32	25

①在图 4-1 中，前后片颈肩处减去了 1.5 cm，这样做的目的是什么？

_____

_____

②后片肩线长于前片肩线的量称为吃量，在图 4-1 中，肩部吃量产生的原因是什么？

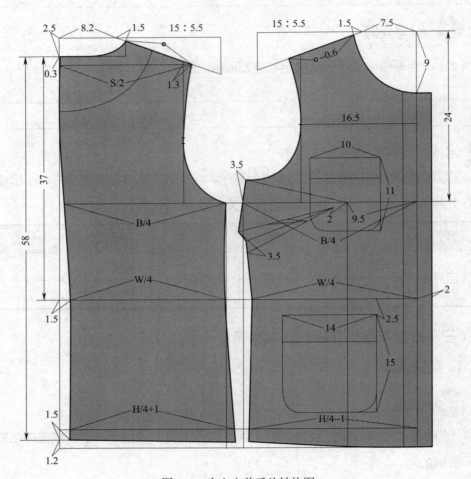

图 4-1　女上衣前后片结构图

 训练

（2）女上衣袖子结构图如图 4-2 所示，应如何确定该款女上衣袖子的袖山高？

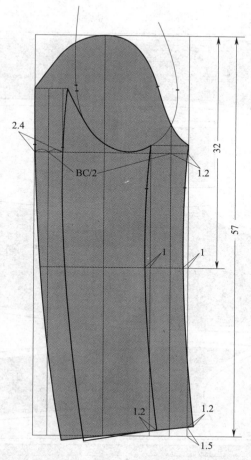

图4-2 女上衣袖子结构图

 训练

（3）女上衣面板放缝数值如下：衣片和挂面底边、袖口放缝3 cm，其他部位放缝1 cm。

请参照图4-3，独立完成女上衣面板的放缝与检验，然后回答下列问题。

①女上衣后片通常要装领贴，领贴的作用是什么？

_____

_____

_____

②此款女上衣前片要装挂面，这样设计的原因是什么？

_____

_____

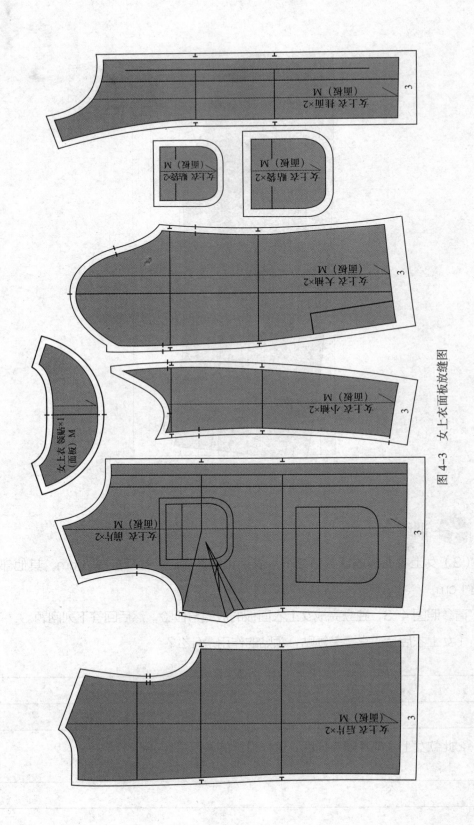

图 4-3 女上衣面板放缝图

训练

（4）请参照图4-4，独立完成女上衣里板的放缝与检验，然后回答下列问题。

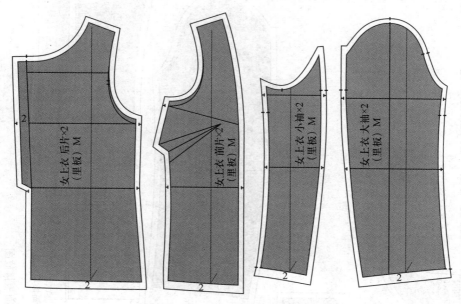

图4-4　女上衣里板放缝图

①在图4-4中，女上衣里板底边放缝量为2 cm，比面板底边放缝量小1 cm，这样设计的原因是什么？

_____

_____

②在图4-4中，女上衣后片里板中缝处放缝量增加2 cm，这样设计的原因是什么？此处放缝起什么作用？

_____

_____

 训练

（5）请用女上衣面板在幅宽145 cm的面料上进行单件样板排放，如图4-5所示。在图4-5中，女上衣面板排放运用了哪些排放方法？说一说面板如何排放才能充分利用面料。

_____

_____

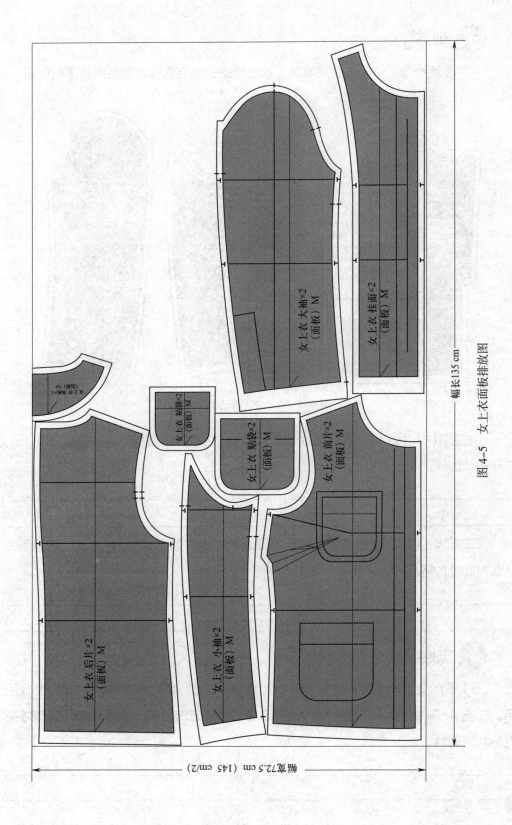

图4-5 女上衣面板排放图

幅长135 cm

幅宽72.5 cm（145 cm/2）

女上衣 大袖×2（面板）M

女上衣 挂面×2（面板）M

女上衣 贴袋×2（面板）M

女上衣 贴袋×2（面板）M

女上衣 前片×2（面板）M

女上衣 后片×2（面板）M

女上衣 小袖×2（面板）M

实践

（6）请参照表4-5和图4-6、图4-7、图4-8，独立完成图4-9所示女外套基础样板的制作与检验。

表4-5 　　　　　　　　　　　女外套成品规格表　　　　　　　　　单位：cm

尺码	衣长	袖长	胸围	腰围	臀围	肩宽	胸高	袖肥	袖口
M	62	58	92	76	94	38	24	33	24

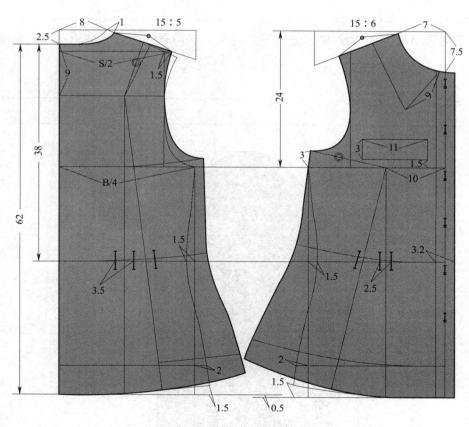

图4-6　女外套衣片结构图

①在图4-6中，女外套前片胸省量是如何转移处理的？

②在图4-6中，女外套后片肩省量是如何利用结构转移处理的？

③女外套的袖子结构为一片袖结构，请说一说影响一片袖袖山吃量的因素。

④在图 4-7 中，袖片后袖缝处的波浪线表示哪种处理工艺？为什么这样设计？

⑤在图 4-8 中，领片中线处有直角符号，该符号代表什么意思？为什么这样设计？

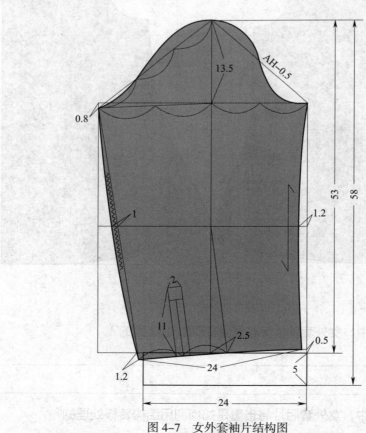

图 4-7 女外套袖片结构图

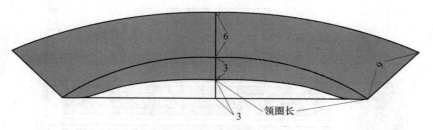

图 4-8　女外套领片结构图

图 4-9　女外套款式图

 实践

（7）女外套面板的放缝数值如下：衣片、门襟底边放缝 3 cm，领片不放缝，其他部位放缝 1 cm。

请参照图 4-10，独立完成女外套面板的放缝与检验，然后回答下列问题。

①说一说女外套面板放缝的注意事项。

_____

_____

②在图 4-10 所示女外套袖子面板中，波浪线和双箭头表示哪种缝制工艺？采用这种缝制工艺有什么作用？

_____

_____

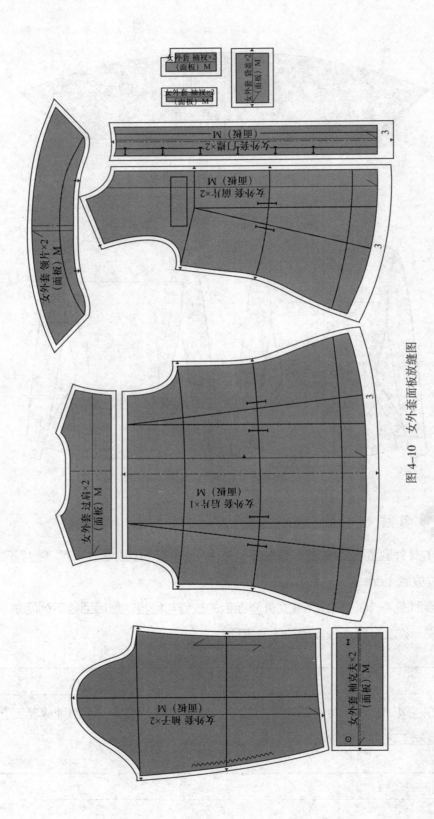

图4-10 女外套面板放缝图

实践

（8）请用女外套面板在幅宽 145 cm 的面料上进行单件样板排放，如图 4-11 所示。

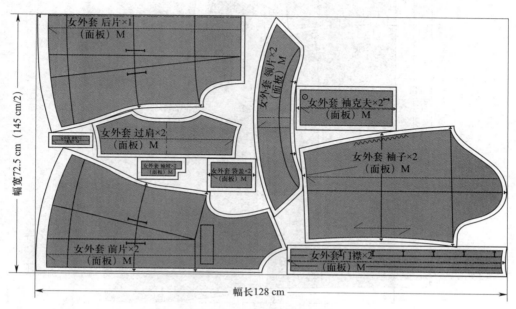

图 4-11　女外套面板排放图

图 4-11 所示的女外套面板排放图采用了哪种排放方法？面板如何排放才能使面料利用率最大？

_____

_____

_____

 实践

（9）请参照表 4-6 和图 4-12、图 4-13，独立完成图 4-14 所示女夹克基础样板的制作与检验。

表 4-6 　　　　　　　　　　女夹克成品规格表 　　　　　　　　单位：cm

尺码	衣长	袖长	胸围	腰围	臀围	肩宽	胸高	袖肥	袖口
M	52	58	92	76	94	38	24	33	24

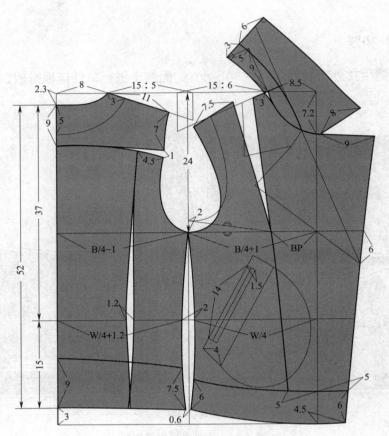

图 4-12　女夹克衣片结构图

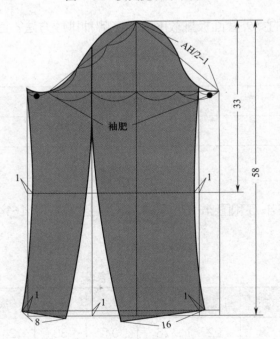

图 4-13　女夹克袖片结构图

图 4-14　女夹克款式图

①在图 4-12 中，女夹克前片胸省量是如何转移处理的？

_____

_____

②在图 4-12 中，女夹克后片比前片短 3 cm，为什么这样设计？

_____

_____

③图 4-13 和图 4-2 均为两片袖的袖片结构图，这两个结构图的绘制方法有什么不同？

_____

_____

　实践

（10）女夹克样板的放缝数值如下：

面板：袖口放缝 4 cm，领面、领座面板不放缝，其他部位放缝 1 cm。

里板：袖口放缝 2 cm，其他部位放缝 1 cm。

请参照图 4-15、图 4-16，独立完成女夹克面板、里板的放缝与检验，然后回答下列问题。

①在图 4-15 中，女夹克面板片数较多，请说一说面板放缝的注意事项。

_____

_____

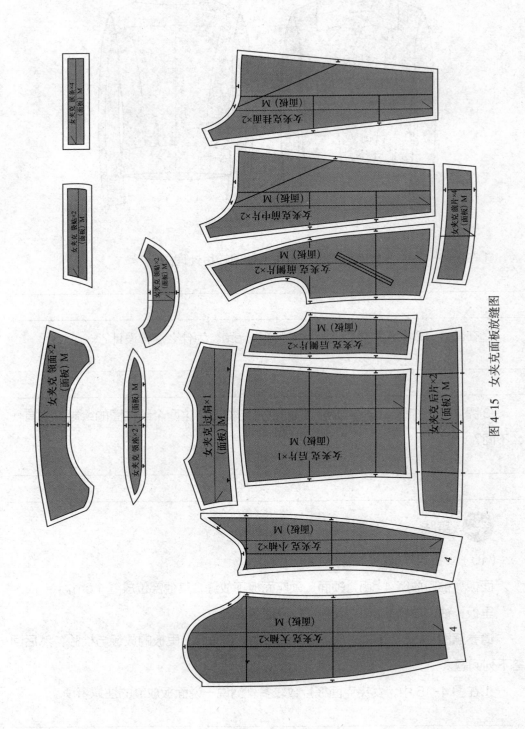

图 4-15　女夹克面版放缝图

②在图 4-16 中，袖子里板在袖山弧线处有增大放缝量的设计，这样设计的原因是什么？

_____

_____

③在图 4-16 中，后片里板在背中加宽 2 cm，这样设计的原因是什么？

_____

_____

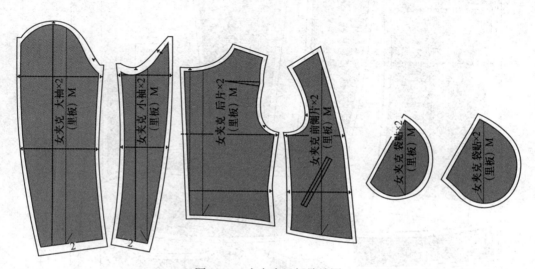

图 4-16　女夹克里板放缝图

实践

（11）请用女夹克面板在幅宽 145 cm 的面料上进行单件样板排放，如图 4-17 所示。

2. 学习检验

讨论

（1）请进行小组讨论，说一说绘制图 4-1 时采用的结构设计手法、使用的制图符号，以及女夹克基础样板制作的注意事项。

_____

_____

_____

_____

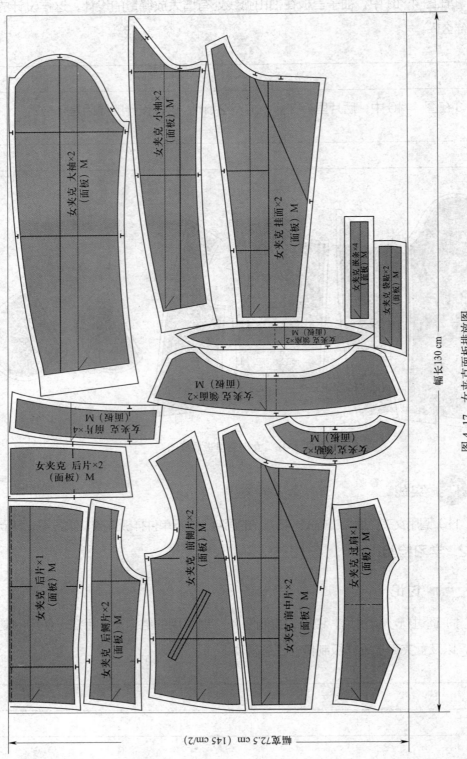

图 4-17　女夹克面板排放图

分类整理

（2）在全面核查的基础上，对女上衣的基础样板进行分类整理，并填写表4-7。

表4-7　　　　　　　　　　　　　　基础样板汇总清单

基础样板	裁剪样板数量	工艺样板数量
面料样板		
里料样板		
衬料样板		
修正样板		
定位样板		
定型样板		

引导、评价、更正与完善

在教师讲评引导的基础上，对本阶段的学习活动成果进行自我评分和小组评分（100分制），之后独立用红笔对本阶段有关问题的回答进行更正和完善。

项目	类别	分数	项目	类别	分数
个人自评分	关键能力		小组评分	关键能力	
	专业能力			专业能力	

（四）成果展示与评价反馈

1. 知识学习

学习展示的基本方法、评价的标准和方法。

2. 技能训练

在教师的指导下，以小组为单位，展示已完成的女上衣基础样板，并进行简要介绍。

3. 学习检验

引导问题

（1）在教师的指导下，在小组内进行作品展示，然后经小组讨论，推选出一组

最佳作品，进行全班展示与评价，由组长简要介绍推选的理由，小组其他成员做补充并记录。

　　小组最佳作品制作人：＿＿＿＿＿＿＿＿＿＿＿＿＿

　　推选理由：＿＿＿＿＿＿＿＿＿＿＿＿＿＿＿＿＿＿＿＿＿＿＿＿

＿＿＿＿＿＿＿＿＿＿＿＿＿＿＿＿＿＿＿＿＿＿＿＿＿＿＿＿＿＿＿＿＿

＿＿＿＿＿＿＿＿＿＿＿＿＿＿＿＿＿＿＿＿＿＿＿＿＿＿＿＿＿＿＿＿＿

　　其他小组评价意见：＿＿＿＿＿＿＿＿＿＿＿＿＿＿＿＿＿＿＿＿＿＿

＿＿＿＿＿＿＿＿＿＿＿＿＿＿＿＿＿＿＿＿＿＿＿＿＿＿＿＿＿＿＿＿＿

　　教师评价意见：＿＿＿＿＿＿＿＿＿＿＿＿＿＿＿＿＿＿＿＿＿＿＿＿

＿＿＿＿＿＿＿＿＿＿＿＿＿＿＿＿＿＿＿＿＿＿＿＿＿＿＿＿＿＿＿＿＿

🛈 引导问题

（2）将本次学习活动中出现的问题及其产生的原因和解决的办法填写在表 4-8 中。

表 4-8　　　　　　　　　　　　问题分析表

出现的问题	产生的原因	解决的办法

🔖 自我评价

（3）将本次学习活动中自己最满意的地方和最不满意的地方各写两点，并简要说明原因，然后完成表 4-9 的填写。

　　最满意的地方：＿＿＿＿＿＿＿＿＿＿＿＿＿＿＿＿＿＿＿＿＿＿＿＿

　　最不满意的地方：＿＿＿＿＿＿＿＿＿＿＿＿＿＿＿＿＿＿＿＿＿＿＿

表 4-9　　　　　　　　　　学习活动考核评价表

学习活动名称：<u>女上衣基础样板制作</u>

班级：　　　　　　　学号：　　　　　　　姓名：　　　　　　　指导教师：

评价项目	评价标准	评价依据	评价方式			权重	得分小计	总分
			自我评价	小组评价	教师评价			
			10%	20%	70%			
关键能力	1. 能穿戴劳保用品，执行安全生产操作规程 2. 能参与小组讨论，进行相互交流与评价 3. 能清晰、准确表达 4. 能清扫场地和工作台，归置物品，填写活动记录	1. 课堂表现 2. 工作页填写				40%		
专业能力	1. 能设定女上衣基础样板规格 2. 能制订女上衣基础样板制作计划，准备相关工具与材料，完成女上衣结构制图 3. 能正确拷贝轮廓线，依据女上衣款式特点和制作工艺要求，准确放缝，制作基础样板 4. 能按照样板制作技术规范，完成样板编号、标注、打孔、分类等工作 5. 能记录女上衣基础样板制作过程中的疑难点，并在教师的指导下，通过小组讨论或独立思考、实践解决	1. 课堂表现 2. 工作页填写 3. 提交的女上衣结构图 4. 提交的女上衣基础样板				60%		
指导教师综合评价								

指导教师签名：　　　　　　日期：

三、学习拓展

本阶段学习任务要求学生在课后独立完成。教师可根据本校的教学需要和学生的实际情况，选择部分内容或全部内容进行实践，也可另行选择相关拓展内容，亦可不实施本学习拓展，将其所需课时用于学习过程阶段实践内容的强化。

拓展 1

请参照表 4-10，独立完成图 4-18 所示立领女上衣结构图的绘制和基础样板的制作与检验。

表 4-10　　　　　　　　　立领上衣成品规格表　　　　　　　　单位：cm

尺码	衣长	袖长	胸围	腰围	臀围	肩宽	胸高	袖肥	袖口
M	62	58	92	76	94	38	24	33	24

图 4-18　立领女上衣款式图

拓展 2

参照表 4-11，独立完成图 4-19 所示荷叶边女上衣结构图的绘制和基础样板的制作与检验。

表 4-11　　　　　　　　　荷叶边女上衣成品规格表　　　　　　单位：cm

尺码	衣长	袖长	胸围	腰围	臀围	肩宽	胸高	袖肥	袖口
M	75	58	90	76	94	38	24	32	24

图 4-19　荷叶边女上衣款式图

拓展 3

调研今年流行的女上衣式样，分析这类女上衣款式特点、结构设计的方法，并将新颖、别致、巧妙、有创意的设计记录下来。

_____

_____

_____

_____

工作总结

请撰写一篇 300 字左右的女上衣制版工作总结。

_____

_____

_____

_____

_____

学习任务五
女西服制版

学习目标

1. 能严格遵守工作制度，服从工作安排，按要求准备好女西服制版所需的工具、设备、材料与各项技术文件。

2. 能正确解读女西服制版各项技术文件，明确女西服制版的流程、方法和注意事项。

3. 能查阅相关技术资料，制订女西服制版计划，并在教师的指导下，通过小组讨论做出决策。

4. 能依据技术文件要求，结合女西服制版规范，独立完成女西服基础样板的制作、检查与复核工作。

5. 能对照技术文件，独立完成女西服成品样衣的尺寸测量，并依据测量结果，将基础样板修改、调整到位。

6. 能在教师的指导下，对照技术文件，按照省时、省力、省料的原则，完成女西服样板排放与材料核算工作。

7. 能正确填写女西服制版的相关技术文件。

8. 能记录女西服制版过程中的疑难点，通过小组讨论、合作探究或在教师的指导下，提出妥善解决的办法。

9. 能按要求，进行资料归类和生产现场整理。

10. 能展示、评价女西服制版各阶段成果，并根据评价结果，做出相应反馈。

学习任务描述

1. 学生接到任务、明确任务目标后，按要求将女西服制版所需的工具、设备、材料与各项技术文件准备到位。

2. 解读女西服制版各项技术文件，明确制版流程、方法和注意事项。

3. 查阅相关技术资料，制订女西服制版计划，并在教师的指导下，通过小组讨论做出决策。

4. 依据技术文件要求，结合女西服制版规范，在工作台上利用铅笔、直尺、放码尺、橡皮、纸张、大剪刀、打孔器和绳子等工具，独立完成女西服基础样板的制作、检查与复核工作，并利用全套基础样板，按照制作要求和规范，进行女西服成品样衣制作。

5. 女西服成品样衣制作完成后，对照技术文件，独立完成成品样衣的尺寸测量，并依据测量结果，将基础样板修改、调整到位。

6. 任务实施过程中，及时填写生产通知单、面辅料明细表、面辅料测试明细表、生产工艺单、样板复核单、首件封样单等相关技术文件，随时记录遇到的问题和疑难点，并通过小组讨论、合作探究或在教师的指导下，提出较为合理的解决办法。

7. 制版工作结束后，及时清扫场地和工作台，归置物品，填写设备使用记录，提交作品并进行展示与评价。

学习活动

女西服基础样板制作

学习活动
女西服基础样板制作

一、学习准备

1. 服装打板一体化教室、打板桌、排料台、服装 CAD 打板系统、样板制作工具。

2. 劳保用品、安全生产操作规程、女西服生产工艺单（见表 5-1）、女西服制版相关学习材料。

表 5-1　　　　　　　　　　女西服生产工艺单

款式名称	女西服								
款式图与款式说明	平驳头西装领　此扣在中腰上5 cm处　袖衩钉3粒扣　大斜圆角下摆　款式图					款式说明： 1. 合体女西服，造型结构为四开身结构，前后袖窿开公主缝 2. 门襟钉1粒扣，下摆为大斜圆角下摆 3. 装平驳头西装领；口袋长为 11 cm，宽为 5 cm（含袋牙） 4. 袖衩长 10 cm，钉 3 粒扣				

成品规格（cm）

尺码	衣长	袖长	胸围	腰围	臀围	肩宽	胸高	袖肥	袖口
S	55	55.5	86	70	90	37	23.5	30.5	23
M	57	57	90	74	94	38	24	32.5	24
L	59	58.5	94	78	98	39	24.5	34.5	25
档差	2	1.5	4	4	4	1	0.5	2	1

测量方法示意图

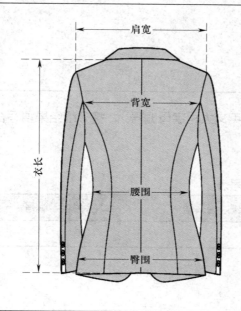
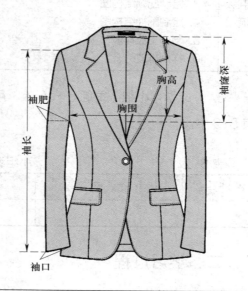

封样意见：

制版工艺要求	1. 制版充分考虑款式特征、面料特性和工艺要求 2. 样板结构合理，尺寸符合规格要求，对合部位长短一致 3. 结构图干净整洁，标注清晰规范 4. 辅助线、轮廓线界定清晰，线条平滑、圆顺、流畅 5. 样板类型齐全、数量准确、标注规范 6. 省、褶、剪口、钻孔等位置正确，标记齐全，放缝量、折边量符合要求 7. 样板轮廓光滑、顺畅，无毛刺 8. 结构图与样板校验无误
排料工艺要求	1. 合理、灵活运用"先大后小、紧密套排、缺口合并、大小搭配"的排料原则 2. 确保部件齐全、排列紧凑、套排合理、丝缕正确、拼接适当、两端齐口，排料既要符合质量要求，又要节约原料 3. 合理解决倒顺毛、倒顺光、倒顺花，对条、对格、对花和有色差布料的排料问题
算料要求	1. 充分考虑款式的特点、服装的规格、色号的配比、具体的工艺要求和裁剪损耗，还要考虑具体布料的幅宽和特性 2. 宁略多，勿偏少

续表

制版流程	1. 确定成品规格 2. 绘制前后片结构图 3. 绘制配领结构图 4. 绘制配袖结构图 5. 制作工业样板 6. 样板排放

3. 分成学习小组（每组 5 ~ 6 人，用英文大写字母编号），将分组结果填写在表 5-2 中。

表 5-2　　　　　　　　　　小组编号表

组号	组内成员及编号	组长姓名及编号	本人姓名及编号

二、学习过程

（一）明确工作任务、获取相关信息

1. 知识学习

> 📝 **小贴士**
>
> 高品质女西服的特点
>
> 1. 袖子：能盖住衬衫袖口，女西服穿在身上后袖子紧绷，袖窿处有明显拉扯感，褶皱呈放射状。
>
> 2. 衣领：衣领依靠内衬的弧度自然翻过来，看起来自然而优雅。
>
> 3. 纽扣：纽扣用动物的角质打磨而成（少数高档西服因为设计需要也会使用贝壳扣或者金属扣）。
>
> 4. 袖口：袖口上的纽扣是真扣，而非装饰扣。

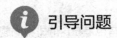 **引导问题**

（1）请简要写出女西服制版的流程。

查询与收集

（2）西服广义上指西式服装，是相对于中式服装而言的。女西服通常是商务场合女性着装的首选。它能展现女性独立、自信的职业魅力。女西服种类很多，通常按扣子数量、领型、门襟的样式不同进行分类，如图 5-1 所示，也可按胸省分割方式不同进行分类，如图 5-2 所示。请在图 5-1、图 5-2 图片下方的横线上填写西服的类型。

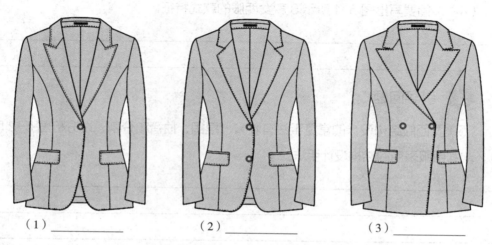

（1）_____　　（2）_____　　（3）_____

图 5-1　按扣子数量、领型、门襟的样式不同进行分类

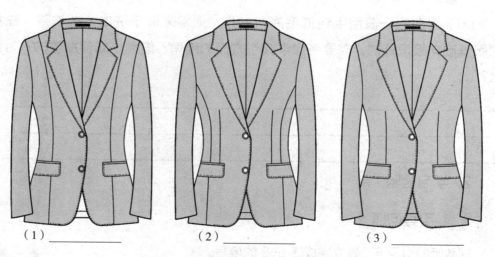

（1）_____　　（2）_____　　（3）_____

图 5-2　按胸省分割方式不同进行分类

讨论

（3）设计女西服，要先对其外形进行设计。请在教师的指导下，通过小组讨论，写出决定女西服外形的四个要素。

_____

_____

_____

引导问题

（4）请简要写出图 5-1 所示 3 款女西服的款式特征。

_____

_____

引导问题

（5）女西服结构设计的常见手法有收省、捏裥、抽褶和分割，试分析图 5-2 所示 3 款女西服采用的结构设计手法。

_____

_____

_____

讨论

（6）女西服一般用毛料或毛涤料制作，通常采取干洗的方式洗涤。在女西服基础样板设计时，需要考虑哪几个方面的缩率？缩率是如何加放的？为什么？

_____

_____

_____

2. 学习检验

引导问题

在教师的引导下，独立完成表 5-3 的填写。

表 5-3　　　　　　　　学习任务与学习活动简要归纳表

本次学习任务的名称	
本次学习任务的目标	
本次学习活动的名称	
女西服制版的工艺要求	
你认为本次学习任务中，哪些目标的实现难度较大	

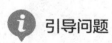 引导、评价、更正与完善

在教师讲评引导的基础上，对本阶段的学习活动成果进行自我评分和小组评分（100 分制），之后独立用红笔对本阶段有关问题的回答进行更正和完善。

项目	类别	分数	项目	类别	分数
个人自评分	关键能力		小组评分	关键能力	
	专业能力			专业能力	

（二）制订女西服基础样板制作计划并决策

1. 知识学习

在教师指导下，制订女衬衫基础样板制作计划，并通过小组讨论做出决策。

计划制订参考意见：整个工作的内容和目标是什么？整个工作分几步实施？工作过程中要注意什么？小组成员之间该如何配合？出现问题该如何处理？

2. 学习检验

i 引导问题

（1）请简要写出你们小组的计划。

引导问题

（2）你在制订计划的过程中承担了什么工作？有什么体会？

_____

_____

引导问题

（3）教师对小组的计划给出了什么修改建议？为什么？

_____

_____

引导问题

（4）你认为计划中哪些地方比较难实施？为什么？

_____

_____

引导问题

（5）小组最终做出了什么决定？是如何做出的？

_____

_____

引导、评价、更正与完善

在教师讲评引导的基础上，对本阶段的学习活动成果进行自我评分和小组评分（100分制），之后独立用红笔对本阶段有关问题的回答进行更正和完善。

项目	类别	分数	项目	类别	分数
个人自评分	关键能力		小组评分	关键能力	
	专业能力			专业能力	

（三）女西服基础样板制作与检验

1. 实践操作

训练

（1）参照生产工艺单中M码女西服成品规格和女西服前后衣片结构图（见

图 5-3），独立完成女西服前后衣片基础样板的制作与检验，然后回答下列问题。

①在图 5-3 中，前后颈肩点所在的上平线不在同一水平线上，它们之间有 0.5 cm 的错位，请问这代表什么？

②在图 5-3 中，前颈肩点与肩端点之间的距离不等于后颈肩点与肩端点之间的距离，前者（11.6 cm）比后者（10.8 cm）长 0.8 cm，这是为什么？

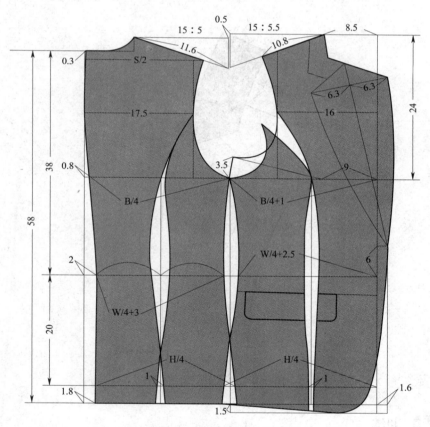

图 5-3　女西服前后衣片结构图

 训练

（2）女西服的领面宽为 3.8 cm，领座高为 2.7 cm。

请参照图 5-4，独立完成女西服配领样板的制作，然后回答下列问题。

①在图 5-4 中，领面宽为 3.8 cm，领座高为 2.7 cm，领面尺寸比领座尺寸大一些，这是为什么？

_____

_____

②在图 5-4 中，前片驳口长 3.5 cm，领片驳口长 3.2 cm，前片驳口长大于领片驳口长，这样设计有什么意义？

_____

_____

_____

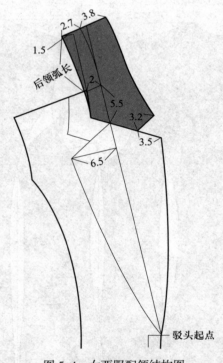

图 5-4　女西服配领结构图

 训练

（3）女西服配袖样板规格如下：袖肥为 32.5 cm，袖长为 57 cm，袖口大为 24 cm。女西服配袖结构图如图 5-5 所示，请根据图中信息回答下列问题。

①在设定配袖样板规格时，只设定了袖肥大小，没有设定袖山高，这是为什么？

_____

②在图 5-5 中，配袖吃势量为 2 cm，说一说决定配袖吃势大小的因素。

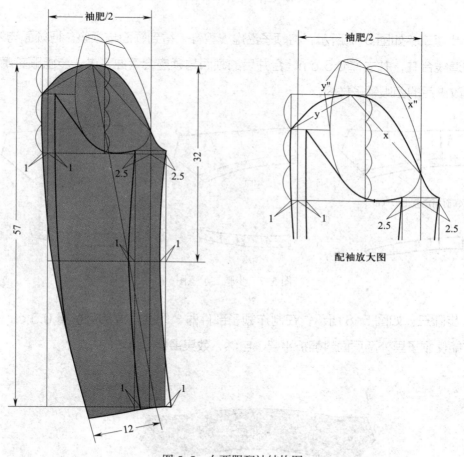

图 5-5　女西服配袖结构图

 训练

（4）在制作西服领子的时候会对其进行归拔，以使领子与人的脖子贴服。但是在实际工作时，由于没有统一的标准，不同人处理的领子效果不同，所以领子效果很难达到预期。因此，应做好领子结构制图，以实现预期效果。请根据以下步骤独立完成女西服领子的结构制图。

步骤一：如图 5-6 所示，将制版的西服领子取下，在翻折线下 0.7 cm 处画一条虚线，在此条虚线上画出 3 条省道线，然后画出省道，省道大小为 0.2 cm。

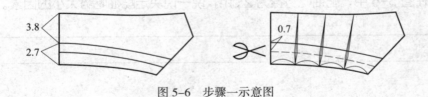

图 5-6　步骤一示意图

步骤二：如图 5-7 所示，将领子沿虚线剪开，得到领面与领座。把领面与领座按省道线合并，并去掉 0.6 cm，合并后的领面与领座会弯曲，进一步画顺轮廓线，得到改进后的西服领子样板。

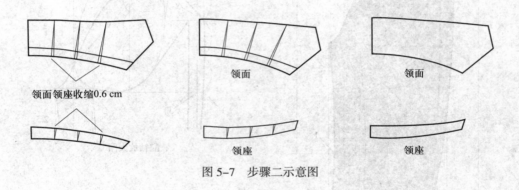

图 5-7　步骤二示意图

步骤三：如图 5-8 所示，在制作领子部件时，领面需要加翻折量 0.5 cm，这样才能使领子里外两层面料翻折平整、自然，效果最佳。

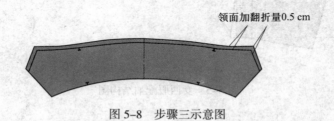

图 5-8　步骤三示意图

 训练

（5）如图 5-9 所示，在女西服工艺缝制中，挂面由里外两层面料合成，驳领加宽 0.5 cm 才能使驳领里外两层面料翻折平整、自然，效果最佳。

请参考图 5-9，独立完成女西服挂面样板的制作。

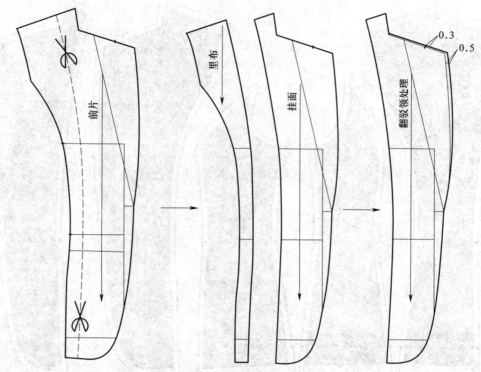

图 5-9　女西服挂面样板制作方法

✂ **训练**

（6）女西服样板放缝数值如下：

面板：衣片、袖片底边放缝 4 cm，挂面底边放缝 2 cm，其他部位放缝 1 cm。

里板：底边放缝 2 cm。

请参照图 5-10、图 5-11，独立完成女西服样板的放缝与检验，然后回答下列问题。

①领片样板包括净样板和毛样板，它们的作用分别是什么？

_____

_____

②在女西服的领面与领座面板中，领面与领座互相拼接的两边缝份为 0.6 cm，这样设计的原因是什么？

_____

_____

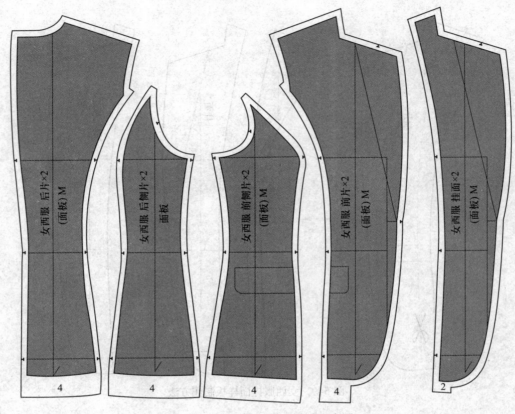

图 5-10　女西服衣片面板放缝示意图

 训练

（7）女西服里板修正处理的方法如图 5-12 所示，在衣身袖窿处提高 1 cm，在袖子袖头、袖底处提高 2 cm。

请参照图 5-12、图 5-13，独立完成女西服里板的放缝与检验，并回答下列问题。

①女西服里板修正处理时，要在袖窿与袖山处增大放缝量，这样做的原因和作用是什么？

_____

_____

②女西服里板放缝时，袖底与衣片底边放缝量为 2 cm，而面板放缝时，袖片底边与衣片底边放缝量为 4 cm，这样做的原因和作用是什么？

_____

_____

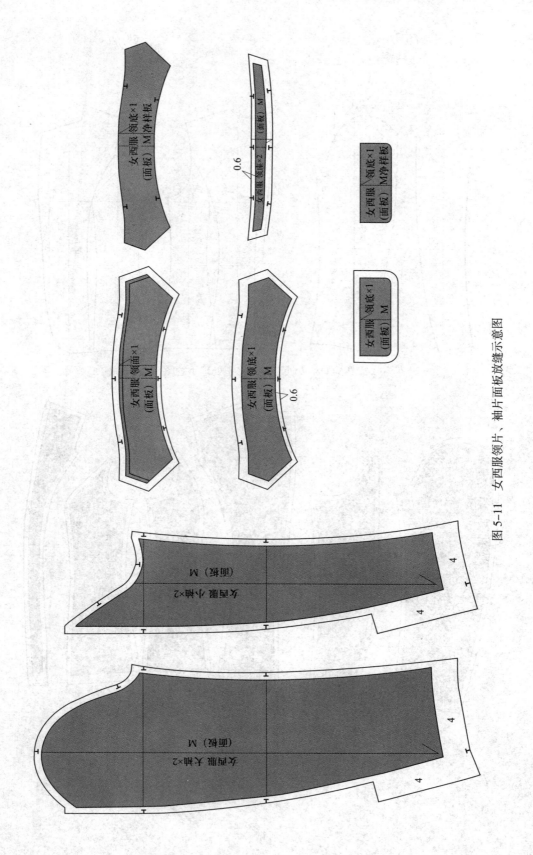

图 5-11 女西服领片、袖片面板放缝示意图

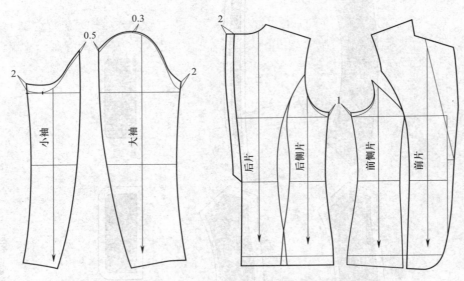

图 5-12　女西服里板修正处理示意图

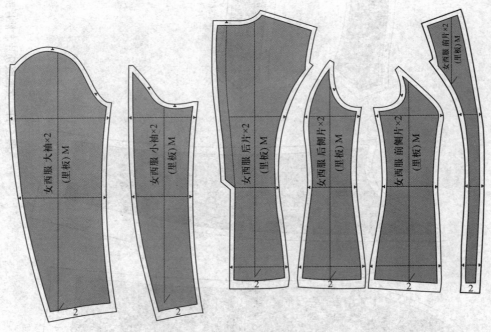

图 5-13　女西服里板放缝图

训练

（8）请用女西服面板在幅宽 145 cm 的面料上进行单件样板排放，如图 5-14 所示。

女西服面板如何排放才能使面料利用率最大？请写出排放顺序。

_____

_____

_____

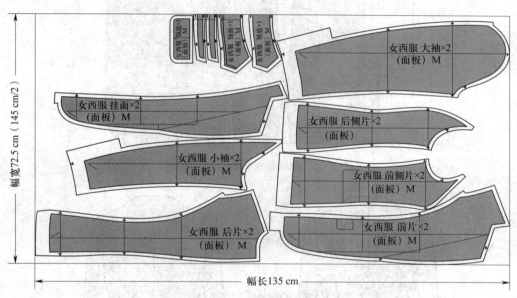

图 5-14 女西服面板排放图

 实践

（9）请参照表 5-4 和图 5-15，独立完成图 5-16 所示枪驳领女西服基础样板的制作与检验，然后回答下列问题。

表 5-4　　　　　　　　枪驳领女西服成品规格表　　　　　　　单位：cm

尺码	衣长	袖长	胸围	腰围	臀围	肩宽	胸高	袖肥	袖口
M	65	57	90	74	94	38	24	32	24

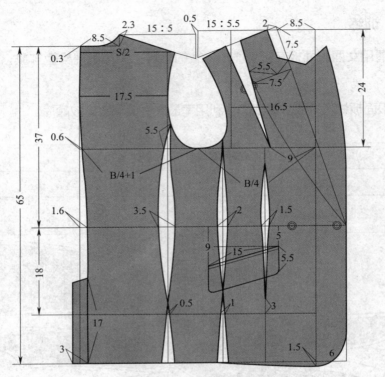

图 5-15　枪驳领女西服衣片结构图

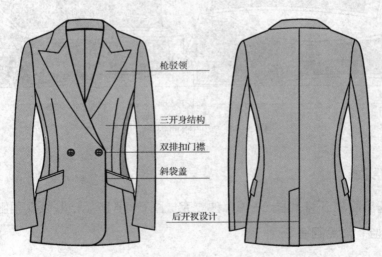

枪驳领

三开身结构

双排扣门襟

斜袋盖

后开衩设计

图 5-16　枪驳领女西服款式图

①枪驳领女西服结构为三片裁剪结构，三片裁剪结构的西服与四片裁剪结构的西服在结构制图时，省道画法和省道量分配有明显不同。请说一说省道量分配不同的原因。

②在图 5-15 中，胸省量转移到肩上合并，这样设计的原因是什么？

 实践

（10）枪驳领女西服领面宽为 3.8 cm，领座高为 2.7 cm，其领片结构图如图 5-17 所示。枪驳领女西服领片的结构设计方法与生产工艺单中女西服领片的结构设计方法相似，但又有所不同，请说一说有哪些不同。

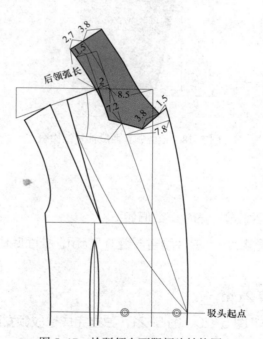

图 5-17　枪驳领女西服领片结构图

 实践

（11）枪驳领女西服袖长为 57 cm，袖肥为 32.5 cm，其袖片结构图如图 5-18 所示，请说一说该款女西服袖片结构制图的步骤。

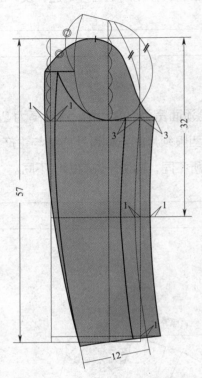

图 5-18　枪驳领女西服袖片结构图

 实践

（12）枪驳领女西服样板的放缝数值如下：

面板：底边放缝 4 cm，前片腰省放缝 0.5 cm，挂面底边放缝 2 cm，其他部位放缝 1 cm。

里板：底边放缝 2 cm。

请参照图 5-19、图 5-20、图 5-21，独立完成枪驳领女西服样板的放缝与检验。

在图 5-19 中，前片腰省放缝 0.5 cm，该部位的缝份比其他部位的缝份小，这是为什么？

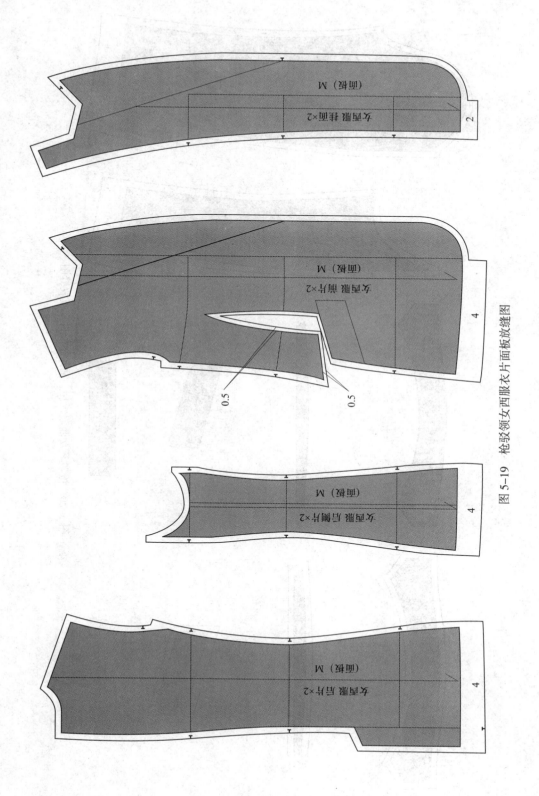

图 5-19 枪驳领女西服衣片面板放缝图

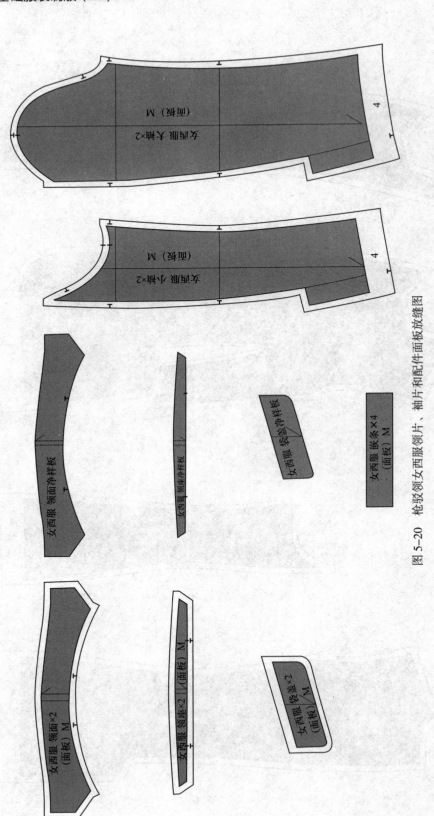

图 5-20　枪驳领女西服领片、袖片和配件面板放缝图

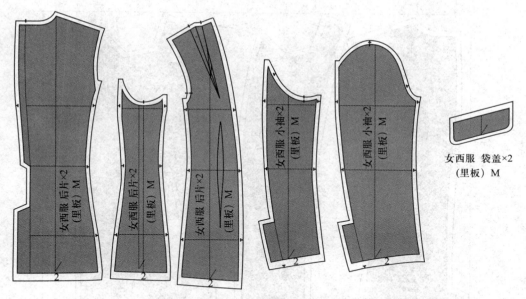

图 5-21 枪驳领女西服里板放缝图

 实践

（13）请用枪驳领女西服面板在幅宽 145 cm 的面料上进行单件样板排放，如图 5-22 所示。

枪驳领女西服面板如何排放能使面料利用率最大？请写出排放顺序。

_____

_____

 实践

（14）请参照表 5-5 和图 5-23、图 5-24，独立完成图 5-25 所示的立体袖女西服衣片样板的制作与检验，然后回答下列问题。

①在图 5-23 中，肩线袖窿处需要减去 2 cm，这样设计的原因是什么？

_____

_____

②此款女西服门襟装双排扣，请说一说门襟装双排扣的女西服结构设计的注意事项。

_____

_____

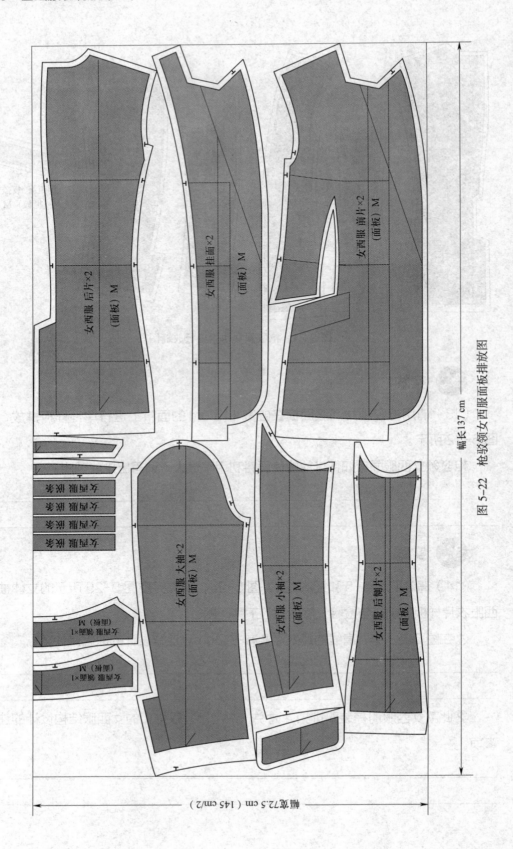

女西服 后片×2
(面板) M

女西服 挂面×2
(面板) M

女西服 前片×2
(面板) M

女西服 大袖×2
(面板) M

女西服 小袖×2
(面板) M

女西服 后侧片×2
(面板) M

女西服 领座×1
(里料) M

女西服 领座×1
(里料) M

女西服 领面

女西服 领面

女西服 领面

女西服 领面

幅宽 72.5 cm（145 cm/2）

幅长 137 cm

图 5-22 枪驳领女西服面板排放图

尺码	衣长	袖长	胸围	腰围	臀围	肩宽	胸高	袖肥	袖口
M	55	20	90	74	94	38	24	32	28

表5-5　　　　　　立体袖女西服成品规格表　　　　　单位：cm

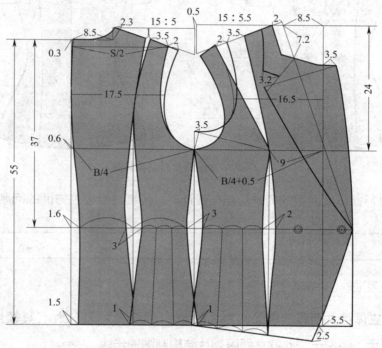

图 5-23　立体袖女西服衣片结构图

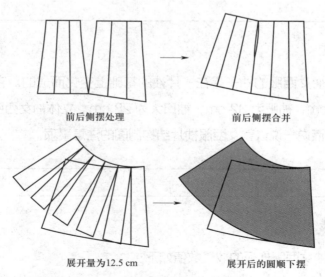

前后侧摆处理　　　　　　　　前后侧摆合并

展开量为12.5 cm　　　　　　展开后的圆顺下摆

图 5-24　立体袖女西服侧片展开图

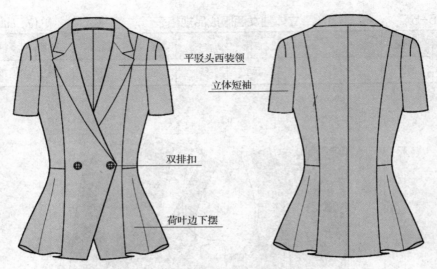

图 5-25　立体袖女西服款式图

③在进行此款女西服的荷叶边结构设计时，需要注意哪些方面的问题？

　实践

（15）立体袖女西服的领面宽为 3.8 cm，领座高为 2.7 cm，其领片结构图如图 5-26 所示，请说一说此款女西服领片结构制图的步骤。

　实践

（16）立体袖女西服的袖子是在一片袖的基础上变化而成的。它的样板规格如下：袖长为 20 cm，袖肥为 32 cm，袖口大为 28 cm。立体袖女西服袖片结构图如图 5-27 所示。请说一说该款女西服袖片结构制图的注意事项。

　实践

（17）立体袖女西服样板的放缝数值如下：

面板：挂面底边放缝 2 cm，其他底边放缝 4 cm，其他部位放缝 1 cm。

里板：底边放缝 2 cm。

请参照图 5-28、图 5-29，独立完成立体袖女西服样板的放缝与检验。

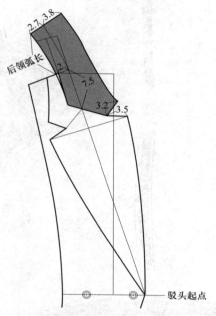

图 5-26　立体袖女西服领片结构图

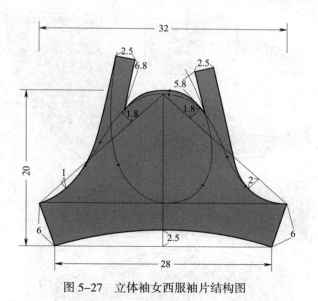

图 5-27　立体袖女西服袖片结构图

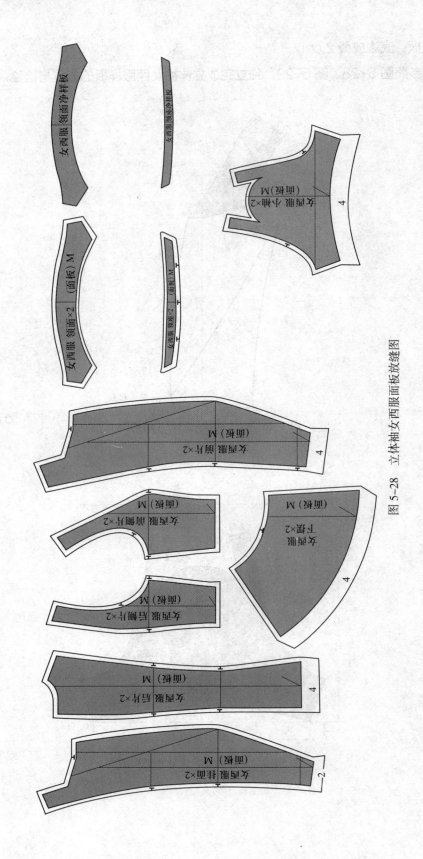

图 5-28 立体袖女西服面版放缝图

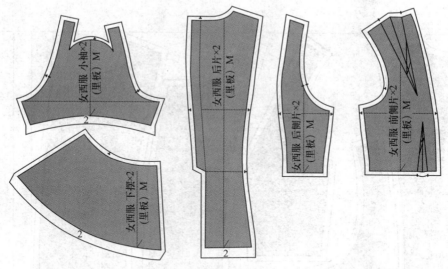

图 5-29　立体袖女西服里板放缝图

 实践

（18）请用立体袖女西服面板在幅宽 145 cm 的面料上进行单件样板排放，如图 5-30 所示。

立体袖女西服面板如何排放能使面料利用率最大？请写出排放顺序。

_____

_____

2. 学习检验

 讨论

（1）请进行小组讨论，说一说绘制图 5-3 时采用的结构设计手法、使用的制图符号，以及女西服基础样板制作的注意事项。

_____

_____

_____

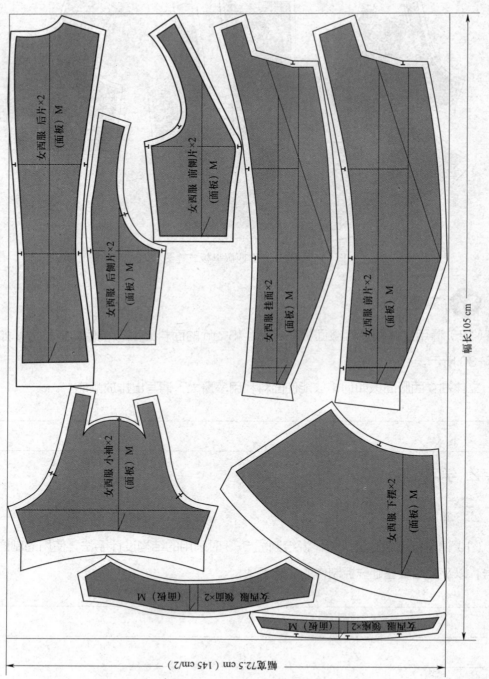

女西服 后片×2
（面板）M

女西服 前侧片×2
（面板）M

女西服 后侧片×2
（面板）M

女西服 挂面×2
（面板）M

女西服 前片×2
（面板）M

女西服 小袖×2
（面板）M

女西服 下摆×2
（面板）M

女西服 领面×2（面板）M

女西服 领座×2（面板）M

幅长 105 cm

幅宽 72.5 cm（145 cm/2）

图 5-30 立体袖女西服面板排放图

⚫⚫ **分类整理**

（2）在全面核查的基础上，对女西服的基础样板进行分类整理，并填写表5-6。

表5-6　　　　　　　　　　　　基础样板汇总清单

基础样板	裁剪样板数量	工艺样板数量
面料样板		
里料样板		
衬料样板		
修正样板		
定位样板		
定型样板		

🔍 **引导、评价、更正与完善**

在教师讲评引导的基础上，对本阶段的学习活动成果进行自我评分和小组评分（100分制），之后独立用红笔对本阶段有关问题的回答进行更正和完善。

项目	类别	分数	项目	类别	分数
个人自评分	关键能力		小组评分	关键能力	
	专业能力			专业能力	

（四）成果展示与评价反馈

1. 知识学习

学习展示的基本方法、评价的标准和方法。

2. 技能训练

在教师的指导下，以小组为单位，展示已完成的女西服基础样板，并进行简要介绍。

3. 学习检验

ⓘ **引导问题**

（1）在教师的指导下，在小组内进行作品展示，然后经小组讨论，推选出一组

最佳作品，进行全班展示与评价，由组长简要介绍推选的理由，小组其他成员做补充并记录。

　　小组最佳作品制作人：＿＿＿＿＿＿＿＿＿＿＿＿

　　推选理由：＿＿＿＿＿＿＿＿＿＿＿＿＿＿＿＿＿＿＿＿＿＿＿＿＿＿

＿＿＿＿＿＿＿＿＿＿＿＿＿＿＿＿＿＿＿＿＿＿＿＿＿＿＿＿＿＿＿＿＿＿

＿＿＿＿＿＿＿＿＿＿＿＿＿＿＿＿＿＿＿＿＿＿＿＿＿＿＿＿＿＿＿＿＿＿

　　其他小组评价意见：＿＿＿＿＿＿＿＿＿＿＿＿＿＿＿＿＿＿＿＿＿＿＿

＿＿＿＿＿＿＿＿＿＿＿＿＿＿＿＿＿＿＿＿＿＿＿＿＿＿＿＿＿＿＿＿＿＿

　　教师评价意见：＿＿＿＿＿＿＿＿＿＿＿＿＿＿＿＿＿＿＿＿＿＿＿＿＿

＿＿＿＿＿＿＿＿＿＿＿＿＿＿＿＿＿＿＿＿＿＿＿＿＿＿＿＿＿＿＿＿＿＿

🛈 引导问题

（2）将本次学习活动中出现的问题及其产生的原因和解决的办法填写在表 5-7中。

表 5-7　　　　　　　　　　　问题分析表

出现的问题	产生的原因	解决的办法

👤 自我评价

（3）将本次学习活动中自己最满意的地方和最不满意的地方各写两点，并简要说明原因，然后完成表 5-8 的填写。

　　最满意的地方：＿＿＿＿＿＿＿＿＿＿＿＿＿＿＿＿＿＿＿＿＿＿＿＿＿

　　最不满意的地方：＿＿＿＿＿＿＿＿＿＿＿＿＿＿＿＿＿＿＿＿＿＿＿＿

表 5-8　　　　　　　　　学习活动考核评价表

学习活动名称：女西服基础样板制作

班级：　　　　　　　　学号：　　　　　　　　姓名：　　　　　　　　指导教师：

评价项目	评价标准	评价依据	评价方式			权重	得分小计	总分
			自我评价	小组评价	教师评价			
			10%	20%	70%			
关键能力	1. 能穿戴劳保用品，执行安全生产操作规程 2. 能参与小组讨论，进行相互交流与评价 3. 能清晰、准确表达 4. 能清扫场地和工作台，归置物品，填写活动记录	1. 课堂表现 2. 工作页填写				40%		
专业能力	1. 能设定女西服基础样板规格 2. 能制订女西服基础样板制作计划，准备相关工具与材料，完成女西服结构制图 3. 能正确拷贝轮廓线，依据女西服款式特点和制作工艺要求，准确放缝，制作基础样板 4. 能按照样板制作技术规范，完成样板编号、标注、打孔、分类等工作 5. 能记录女西服基础样板制作过程中的疑难点，并在教师的指导下，通过小组讨论或独立思考、实践解决	1. 课堂表现 2. 工作页填写 3. 提交的女西服结构图 4. 提交的女西服基础样板				60%		
指导教师综合评价								

指导教师签名：　　　　　　　　日期：

三、学习拓展

学习拓展建议课时为 15 ~ 20 课时，要求学生在课后独立完成。教师可根据本校的教学需要和学生的实际情况，选择部分内容或全部内容进行实践，也可另行选择相关拓展内容，亦可不实施本学习拓展，将其所需课时用于学习过程阶段实践内容的强化。

拓展 1

参照表 5-9，独立完成图 5-31 所示不对称女西服基础样板的制作与检验。

表 5-9　　　　　　　　不对称女西服成品规格表　　　　　单位：cm

尺码	衣长	袖长	胸围	腰围	臀围	肩宽	胸高	袖肥	袖口
M	62	60	90	74	94	38	24	34	24

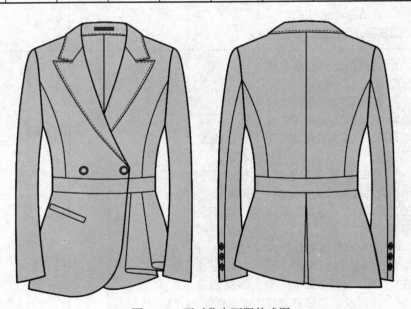

图 5-31　不对称女西服款式图

拓展 2

参照表 5-10，独立完成图 5-32 所示插肩袖女西服基础样板的制作与检验。

表 5-10　　　　　　　　插肩袖女西服成品规格表　　　　　单位：cm

尺码	衣长	袖长	胸围	腰围	臀围	肩宽	胸高	袖肥	袖口
M	70	60	90	74	94	38	24	34	24

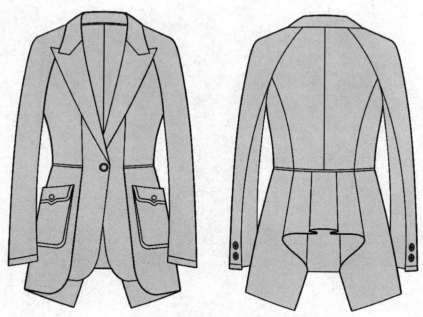

图 5-32　插肩袖女西服款式图

工作总结

请撰写一篇 300 字左右的女西服制版工作总结。

_____

_____

_____

_____

_____

_____